道德就是智慧

——写给孩子的人生哲学

朱定局 著

中国言实出版社

图书在版编目(CIP)数据

道德就是智慧：写给孩子的人生哲学 / 朱定局著.—北京：
中国言实出版社，2019.5
ISBN 978 - 7 - 5171 - 3130 - 4

Ⅰ．①道… Ⅱ．①朱… Ⅲ．①人生哲学 - 少儿读物
Ⅳ．①B821 - 49

中国版本图书馆 CIP 数据核字(2019)第 075719 号

责任编辑:史会美
责任校对:胡　明
封面设计:朱子理

出版发行　中国言实出版社
　　　　地　　址:北京市朝阳区北苑路 180 号加利大厦 5 号楼 105 室
　　　　邮　编:100101
　　　　电　话:64924853(总编室)　64924716(发行部)　、
　　　　网　址:www.zgyscbs.cn
　　　　E - mail:zgyscbs@263.net
经　　销　新华书店
印　　刷　济南精致印务有限公司
版　　次　2019 年 5 月第 1 版　2019 年 5 月第 1 次印刷
规　　格　710 毫米 × 1000 毫米　1/16　印张 13.25
字　　数　108 千字
定　　价　55.00 元　ISBN 978 - 7 - 5171 - 3130 - 4

前言
PREFACE

所谓"真传一句话，假传万卷书"，我之所以要写这本书，主要目的概括起来就是一句话，那就是为了对同我孩子一般大的读者讲些我自己总结的人生哲学。

在我看来，真正的人生智慧，并不是人情世故、社交技巧，而是我们内心所坚持的道德准则。道德的力量是无穷无尽的，是天地间的万物都要凭依的。"水至柔而至刚"，"水至柔而克万物"，怎么克的？靠的便是道德的力量。物极必反，为什么会反？当然是违背道德的后果。王守仁提出"致良知"的思想，认为只要"致良知"了，就能具备圣贤的智慧，这里的"良知"便是道德。德国哲学家康德也曾说过："世上最奇妙的两样东西，便是我头上的灿烂星空和内心的道德律。"在王守仁、康德这样的贤哲看来，道德是人类文明的结晶，是天人合一的通途，是打开智慧之锁的钥匙，是人类智慧的外在体现，在某种意义上是可以直接和智慧画等号的。

我不认为可以简单地把讲道德和存好心、当好人、做好事当作一回事，不过后者确实是前者的重要组成部分。有人觉得存好心、当好人、做好事只是为了别人好，自己会吃亏。我不喜欢说这种人、这种想法是错的，而是更倾向于认为这是境界不够的具体体现。一个讲道德、有智慧的人能够从一个更高的层面来看待事物，在他们看来，存好心、当好人、做好事的最大受益者一定是自己，因为他们的得失观是区别于普通人的，普通人眼中的得失和智者眼中的得失是不同维度、无法进行比较的。为什么会这样？这个道理不是一句两句能说得清的，看完本书后的读者或许会对此有些属于自己的看法。想不明白也无妨，只要能够坚信"好人有好报"、坚持用好人的标准来要求自己就一定会拥有幸福、光明的人生，那么我的初衷和目的也就基本达到了。

这本书里的每一句话都是我想对自己孩子说的实在话、大白话，而不是空讲大道理。也正是因为如此，书中内容应该是贴切很多读者的实际需要的。就像是那些喜欢絮絮叨叨反反复复说同一件事的父母一样，对于那些我觉得非常重要的主题，我可能会在多封信里从不同角度、在不同场景和实例里来回解说。可怜天下父母心吧，希望大家能够理解。

朱定局

2018 年春于华南师范大学

目 录

有两样东西，我思索的回数愈多，时间愈久，它们充溢我以愈见刻刻常新、刻刻常增的惊异和严肃之感，那便是我头上的星空和心中的道德律。

——[德] 康德

1

顺水推舟

　　亲爱的孩子，做事做人都要顺水推舟，省力又讨好，而逆水而行则费力不讨好。要想做到顺水推舟就要尊重别人、尊重客观，而不能以自己为中心、以主观为中心，否则自作主张、无视现实，必会处处碰壁、步步难行。尊重别人，不等于不要自己，而是利人利己，赠人玫瑰手有余香；尊重客观，不等于不要主观，而是天人合一，充分利用天时地利人和。

爸朱定局

事务的治理，做事做人都需要顺其推舟，省力又讨好，而是水到行到，费力又不讨好。要尊重规律，顺其性，对物要尊重别人，尊重客观，而不能以自己为中心，以主观为中心，不可自作主张，无视现实，如会处处碰壁，费劲又难行。尊重别人，不等于不顾自己，而是利人利己，顺人性，这才有实效；尊重客观，不等于不要主动，而是天人合一，充分利用天时地利人和。名单主局

2

不要挑

亲爱的孩子，做事时一定不要挑，不能只做大事不做小事，只立大功不立小功，只挖大坑，不挖小洞，只拣大西瓜，不拣小芝麻，因为如果你连挖小洞的经验都没有，如何去挖大坑？在挖大坑之前挖小洞练练手是有好处的，而且捡了芝麻可以放入仓库，并不妨碍以后捡西瓜。

爸朱定局

亲爱的孩子，做事什么一定不
要挑，只能先做大事不做
小事，只立大功不立小功，
只抓大场，不抓小闹，只练
大，而人，不练小芝麻，因
为如果你连抓小闹的经
验都没有，如何去抓大场
？连抓大场之何抓小闹所
你手里有好处自己别抓了
芝麻可以放入仓库，你
不好弄以方检西瓜。爸
起身

3
与别人合作

　　亲爱的孩子，有时一件事需你和别人合在一起才能完成，而别人的特长刚好是你的短板，那这时你必须要与别人合作，否则这事就无法成功。虽然在合作过程中，你需支付酬劳给别人，或成功后，你需与合作者分享成果，但总比不合作而颗粒无收好。每个人的生命是有限的，特长受到生命的限制，也必然是有限的。创业成功的关键就是搞清楚这个事业所需的特长中哪些是你不具备的，那你就要找到具备这些特长的一个或多个合作者。

爸朱定局

某会名胜古……有时一件事需要
某创人合在一起才能完成，
而创人各擅长则如这位各
老板，那之时你应经营与
创人合作，否则这事就无法
成功。当然在合作过程中，你
需要付辛劳给创人，或作
功劳，你需与合作者分享成
果，但总比不合作而颗粒
无收好。每个人一生命运有
限，特长受到生命的限制，
也是能生有限的。创业
成功必须谦虚地去寻请董
这个事业所需另特长中哪
些是你不具备的，那你就要
找到具备这些特长等一
个或多个合伙者。兔柒竺
局

4

相互帮助

　　亲爱的孩子，你为别人做事对你不一定有用，但即使没用或用处不大，只要做了对你没损失，你就应该去做，因为将来你去找别人帮助做事，你的事对别人而言也不一定有用。所以从长远来看，相互帮助不但能收获友谊，而且是互利共赢的。短视的人只做眼前对自己有利的事，对自己无利益的事则不会向别人伸出援手，那等将来你有困难且给别人带不来好处的时候，别人也会坐视不管的，所以你千万不要短视。

爸朱定局

亲爱的孩子，帮助别人的事对你不一定有用，但即使没用也用处不大，只要做了对你没损失，你就尽管去做，同时将来你去找别人帮助你身，你本身对别人而言也不一定有用。所以从长远来看，相互帮助不但使他俩获得方便，何止是互利共赢。

短视的人只做眼前对自己有益的事，对自己无利益之事则不会伸手，那等将来你有困难且需别人帮忙来助你的时候，别人也会坐视不管，所以你千万不要短视。

爸爸字

5

量力而行

亲爱的孩子，千万不要动不动为了帮助别人而损己利人，而要量力而行，要心有余力且足时再帮人，否则泥菩萨过河自身难保，如何能帮更多人？不如等自己成了"金菩萨"再度别人。可见，为了利人损己，久而久之便使得利人这个事难以为继，因为你在不断损自己，后来必没有足够的基础去帮别人了。所以帮别人尽量要以对自己没有损失为前提，只有这样，你才能可持续地帮更多的人。

爸朱定局

亲各位施主，什么不要为
帮助别人而损己利人，而
要量力而行，要心有余力
且这时再帮人，否则必
善彰过（自身难保，如何
能帮更多人？不如先身己
代了"全善彰"再度别人。
可见，为了利人损己，反而
会不使使得利人这个事
难以改进，因为你也不断
损自己，后来必没有这样
多基础去帮别人了。所以帮
别人尽量要以对自己没有
损失为前提，只有己稳，你
才能习持续地帮更多
人。爸某之启

6

留有余地

　　亲爱的孩子，敌对之时留有余地，必有转机。做人做事，在敌对之时都要留有余地，只有这样才有转仇为友的可能，否则话说绝了、事做绝了，可能就成了宿敌。一个人的朋友越多，助力越大；敌人越多，阻力越大。一定不要放弃任何转敌为友的机会，一定要为转敌为友留下可能。即使是敌人，也可在其求助时施以援手；即使是恶人，也可在其困难时雪中送炭。从而为敌人转为友人、恶人变为善人埋下种子，将来某一天这种转变可能就会来临。

爸朱定局

亲爱的孩子，我对之时偏有
余地，凡有特别的论人
说事，在我对之时都应会
有余地。只有这样才有转
还为友谊可能。否则说绝
话了，事做绝了，又怎转化为
朋友。一个人在世为敌多，
助力越大；敌人越多，阻
力越大。一定要设法化
仇敌为友邻为敌人相会，一定
要为设法为友留下可能。
即使是敌人，也可在其
软弱时施以援手；即使
是善人，也可在其困难时
雪中送炭。让仇敌为敌人转
为友人，善人转为善人，建
下种子，将来某一天这种
转变为敌的会来临，备来
无问

7

见微知著

　　亲爱的孩子，有智慧的人能见微知著，见小识大，一叶知秋。出门时看见天上有乌云，就知道等会儿可能要下雨而带上伞。看见一片枯叶落地，就知道秋天来了，便去做与秋天相符的事情。交谈时看见别人懒得回应，就应知道是别人不想和你交谈，你应尽早结束话题。反之，如果看见乌云不带伞，必会被雨淋湿；看见落叶不知秋，还去播种，必然颗粒无收；看见别人不回应还滔滔不绝，必然引起别人反感而使得别人以后不想与你交往。

爸朱定局

8

大事要合作

亲爱的孩子，一定要懂得有些事情只能与别人合作才能成功，例如抬水，你一个人是抬不起水的，也搬不动，必须两人一起，才有可能把水抬起来。等把水抬到了目的地，你就可以从中分一些水了。小事自己可以搞定，如果是大事，就必须两人甚至成千上万人合作才能成就。如果你不与别人合作，就无法分得合作成果，而这合作成果靠你一个人是无法取得的。

爸朱定局

业务经理人一定要懂得有些事情只靠与别人合作才能成功。例如抬水，你一个人是抬不起也的，也搬不动，但要两人一起，才有可能把水抬起来再手把水挑到目的地，你却可以从中分一杯水了。小事自己可以搞定，如果是大事，如必定，两人甚至成千上百人合作才能成功。如果你不与别人合作，你无法分享合作成果，而这合作成果靠一个人是无法取得的。老某这局

9

人和最重要

　　亲爱的孩子，对于一件事情的成败，最重要的莫过于天时、地利、人和，其中人和虽然排在最后，但却是最重要的，因为天时不好，如果有人和，那必有人雨中送伞；地利不好，如果有人和，那必有人引路；而如果人和也不好，那就真的是天地无情、险关难破了。可见，一件事不怕遇到困难，只怕"三个和尚没水吃"；一个人不怕时运不佳，只怕没有真正的朋友支持，没有贵人帮助你；一个国家不怕天灾地难，只怕民心背向。

爸朱定局

聪明的臣子，对于一件事情有分歧，最重要的莫过于天时、地利、人和。其中人和是最难那巨晶台，但却是最重要的，因为天时不好，如果有人和，那还有个雨中送柴；地利不好，如果有人和，那还有个人引路；而如果人和也不好，那就真的是天地无情，连柴难破了。可见，一件事不怕遇到困难，只怕……所谓有……吗，……一个人不怕做事，不怕没有……只怕没有人……支持，没有别人帮助你；一个国家不怕天灾地难，只怕民心背向。善莫大焉

10

方法对路

　　亲爱的孩子，做事既找准了目标，又有利器，但如果方法不对路，也是一场空。找到了锁眼，也有了钥匙，但如果不知道怎么用钥匙插入锁眼，或者插入后不知道怎么开，那也无济于事。看见了靶心，也有了利箭，但如果不知道怎么用箭瞄准靶心，或者瞄准了之后不知道怎么射，那也是望靶兴叹。可见，找准靶心、找到利器、找到方法三者对成功都很重要，若都具备，则世间无难成之事。

爸朱定局

亲爸色险好，做事既找住了目标，又有利器。但如果方法不对路，也是一场空。我到了钥匙，也有锁孔，但如果不知道怎么用钥匙插入锁眼，或者插入也不知道怎么开，那也无济于事。有些了箭，也有了靶，但如果不知道怎么用弓瞄准靶子，或者瞄准以后不知道怎么射，那也是射靶无效。可见，找住靶子，找到利箭，找到方法对成功都很重要。若辨只备，则世间无难成之事。向果无局

11

要有利器

　　亲爱的孩子，做事情成功要有利器。找准了靶心，如果没有利箭，那还是射不透，无法实现目标；找准了锁眼，如果没有坚硬的钥匙，插进去钥匙就断了，那还是打不开。利器就是最先进的工具，如果别人在用飞机，你还是自行车甚至步行，那你自然落败；如果别人已在用航母，你还在用木船，那这仗还用打吗？有超级强的利器，即使找不到锁眼也能把整个锁砸烂而使问题强行解决；没有利器，即使找到了锁眼，用个草做的钥匙也是不可能打开锁的。有超级强的利器，即使没找准靶心，只要知道靶子大概所在，就能把整个靶子摧毁，靶心自然也在其中，目标自然也能达到；没有利器，即使瞄准了靶心，用一个草箭射过去也无法射入靶心分毫，又有何用？毫无用处。

爸朱定局

亲爱的孩子，你事情成功当有

到箭，我是了靶心，如果没

有到箭，那还是射不远，无

法定到目标；我是了锁眼，如

果没有坚硬的钥匙，插也插不

钥匙的断了，那还是打不开

到箭的。各先也什么工具，

如果别人也用飞机，你还是自

行车甚至步行，那你自然落

伍；如果别人工也用他的，你

还是用不的，那还怎么能用

打吗？有起没弹没到箭，你

连靶子到锁眼也被打整个

维碰住不得，问题还行到

史；没有到箭，打使我到了锁

眼，用个草做的钥匙也是

不可，此无开锁的。有还没

强么到箭，即使在此住靶

心，当然在这靶去十把

针去，把他把碰个靶去指

锁，靶也前然也在其中，目

插自然，也就达到没有到

箭，即使瞄住了把，又用一个

草剪射去去也无法射入靶心

分毫，又有何用了毫无用处。

老生老局

12

精准目标

　　亲爱的孩子，做事成功需要找到目标。目标的靶子往往是一个很小的点，而不是一个很大的面，如果你的目标太大，说明你没有找到靶心，只有命中靶心，你取得的成就才会越高，因为靶心就是关键所在，那地方就是锁眼，钥匙插进去问题就能迎刃而解，否则往往是事倍功半，甚至是徒劳无功地隔靴搔痒。目标越精准、缩得越小，花同样的力气所能起到的效果就越大。靶心命中了，就能得满分，锁眼插入了，门就能打开。目标的靶心和锁眼找到了，事情也就成功了一半，否则费九牛二虎之力去乱射也不一定能射中目标，费九牛二虎之力去撬锁也不一定能撬开。

　　　　　　　　　　　　　　　爸朱定局

亲爱的孩子，做事成功需要找到目标。目标可大可小，经常是一个很小的目标，而不是一个很大的目标。如果你定的目标太大，说明你没有找到靶心。只有命中靶心，你所做的事情才会越多。因为靶心是关键所在，那也就是锁眼，调整瞄准去问题就能迎刃而解。可以说，做事是射击功夫，基本上是苦练无功也好难以搒挥准。且标越精准，瞄得越小，花很小的力气所能起到的效果就越大。靶心命中了，就能得满分。锁眼搒入了，门就能开。目标就是靶心，你瞄准锁眼找到了事情也就成功了一半。否则费力半天也许射也射不中目标，费力半天也许门也打不开，锁也不一定就搒开。

爸爸毛局

13

不贪大

　　亲爱的孩子，做任何事情都不贪大，而要求小。井口越小，你就能用同样的功夫把井挖得更深。是否能挖出水，关键不在于井口的大小，而在于井的深度。井口再大，如果挖不深，也是滴水不出、毫无成果。不要自以为目标的井口越大，战果的水就越多，因为井口过大，往往导致你用毕生之力也挖不到见水的深度，从而徒劳无功，一无所成，毫无成果。相反，先缩小井口，挖得够深，等出水后，再扩大井口，这样才能成果越来越多，而不会白忙。

爸朱定局

精力是有限的，好钢要用在刀刃上，井口就不
会大，而要求其小。井口挖小，你
动就用同样多功夫把井挖
得更深。是否能挖出水，关
键不在于井口多大小，而在于
井挖深度。井口再大，如果
挖不深，也是湾水不出，毫
无成果。不要自以为目标的井
口越大，成果会不如越多，因
为井口越大，往往导致徒用
半生之力也挖不到出水的
深度，从而徒劳无功，一无
所成，毫无成果。故而，先把
小井口，挖得够深，掌出水来，
再步大井口，这样才能成果
越来越多，而不会白忙一场，毫无成
果。

从实际出发

　　亲爱的孩子，做任何事都要从此时此地此人出发，而不要从别时别地别人出发。你站在这里却要从那里出发，你站在现在却要从过去或将来出发，无异于白日做梦，纸上谈兵。现实中很多人在思考路线时，只知主观地寻找最佳路线，却不管这路线的出发点是否是此时此地此人，也不管这路线是否适合此时此地此人，这样的路线从理论上说是最佳的，但实际上对此时此地此人来说是行不通的，是必败的，也必不是最佳的，甚至有可能是最差的。

　　　　　　　　　　　　　　　　爸朱定局

15

质变之前准备

　　亲爱的孩子，质的变化会引起结果的变化，人们能感觉到；量的变化不会引起结果变化，往往被人们视而不见，听而不闻。在这个过程中量变是渐进的、是漫长的，而质变是突发的、是短暂的，等待发生质变时的瞬间才开始准备是来不及的，因此应在漫长的量变过程中就把将会、必会发生突变所需的应对准备做好，这样才能有备无患。

爸朱定局

原因的强弱，原因的变化会引起结果的变化，人们就会想到；量的变化不会引起结果变化，往往让人们感到不易，两者不同。但这个过程中会产生新的东西，是渐长的，所以变这要么多，是短暂的，等待它生长需时间够，他们才开始准备些来不及多，因此在这漫长的量变过程中把握好，让人实生突变所需多少来对准备好，这样才能有备无患。总之这种

珍惜不完美

亲爱的孩子，不要因为人生是不完美的而放弃不完美的事，甚至放弃人生。完美与不完美只是五十步与一百步之间量的区别，而没有质的区别。不完美的东西也是同样有价值的，我们的人生就是构建在不完美之上。虽然你所走的每一步都不完美，但改变不了你前进的本质。可能不完美时，你走的路弯一点，但前进的本质和价值毫无差异。完美是纯金，不完美是有杂质的金子，同样有价值，同样要珍惜。

爸朱定局

亲爱的孩子，不要因为人生是不完美的而放弃不完美的事，甚至放弃人生。完美与不完美只是五十步与一百步之间量的区别，而没有质的区别。不完美的东西也是有同样价值的，我们的人生如是构建在不完美之上。若然你行走的每一步都不完美，也改变不了你到达的本质。可能不完美时你走的路每一步，也到达了本质和价值而无差异。完美是纯金，不完美是有杂质的金，同样有价值，同样要珍惜。爸未完后

知其所好

亲爱的孩子，孝顺父母、尊重别人、关爱别人，只有主观上的心意是不够的，还要从客观上认识和理解别人，知道别人的喜恶、需求，这样你的孝顺行为、尊重行为、关爱行为才能符合别人的喜好、需要。否则，如果别人不喜欢过多礼节，你却用过多礼节尊重别人，反而会引起别人反感；如果别人不喜欢零食，你却送零食给别人来表达关爱，反而会引起别人厌烦。

爸朱定局

亲爸在陪护，若顾父母，尊重
别人关爱别人，也有主观上
的心意是不够的，还要以实
际上去照顾理别人，知道别
的喜爱、需求，这样你的尊
顺行为、尊重行为、关爱
行为才能符合别人的喜
好、需要。否则，如果别人不
喜欢过多知节，你却用过多
知节尊重别人，反而会引
起别人反感；如果别人不喜
欢需要，你却这么多给
别人精这关爱，反而会引
起别人反顺，反而朱毛主同

18

逆境中看人

　　亲爱的孩子，看一个人的好坏不能在你顺境中看，而要在你逆境中看。因为在你顺境时，别人会给你锦上添花，但在你逆境时，别人有可能给你雪中拔毛。你有锦时，别人给你添花，往往是为了你的回报或共赢，因为别人知道你有锦的资本，有能力进行回报与共赢。你遭雪时，一无所有，别人知道无利可图，就有可能见你家起火不但不救，反而在你无暇顾及之时打劫。在你顺境中对你好的人在逆境中可能倒戈，如果你只通过自己在顺境中对别人的判断来择友，则很可能给你逆境时埋下祸患，所以你可在你顺境时制造一些逆境来明察别人。

　　　　　　　　　　　　　爸朱定局

亲爱的姑姑：看一个人最好少之，应当在他"逆境中看，不宜在他顺境中看。因为在他顺境时，别人会给他锦上添花，但在他逆境时，别人有可能给他雪中送炭。在有顺时，别人给他添花，往往是为了什么回报或共赢，因为别人知道他有锦上添花的资本，有机可趁，所以才回报与共赢。在逆境时，一无所有，别人给他无利可图，如有可能只是雪中送炭，只能不好，能存在便无暇顾及，一时好坏。在逆境中对他好的人在逆境中可能倒戈，所以要仔细分辨，通过他在逆境中对别人的判断来择友，则很可能他在顺境时有一些逆境时怀下隐患，所以在可在他顺境时制造一些逆境来明察别人。古来至今

尊重客观规律

亲爱的孩子，一定要尊重客观规律。古人说"吃一堑，长一智"，吃了一堑之后，如果能从中认识到一个客观规律，那么你就长了一智。将来你只要遵守这个客观规律就不会吃同样的堑了。可见，认识并遵守客观规律就是尊重客观规律。如果不认识客观规律，那遵守自然无从谈起，都看不见路，如何能根据路来走？认识了客观规律，如果不遵守也没有用，看得见路但不按路去走，同样可能会走丢、走错甚至掉下悬崖。

爸朱定局

亲爱的孩子,一定要尊重
客观规律。古人说"吃一
堑,长一智",吃了一堑之后,
如果能从中认识到一个客
观规律,那么他就长了一智
。将来他必要尊守这个客
观规律就不会吃同样的问
题了,可以,从此平遂守
客观规律也是尊重客观
规律。如果不认识客观规
律,那连客观规律为什么起
,都看不见的话,如何能
根据客观去走?了一认识客
观规律,如果不遵守也没
有用,尊守什么呢?但不错
过去走,同样才就会走丢
,走错,甚至摔下悬崖,走
不归路

20
高人指点

  亲爱的孩子，你一定要经常主动地请高人指点。周文王有姜子牙指点，刘备有诸葛亮指点。真正的高人是黑暗中的明灯，具备比常人好得多的视力，常人看不到、看不清、看不懂的过去、现在、未来之事，对高人来说都一目了然。当然这样真正的高人极少，你如果能遇到或寻访到则可助你成就大业。处处都在的是在某一方面可为你师的高人，他们在某一方面可给你指点迷津，可为你拨暗见明，可为你揭开蒙住真相的面纱，可为你点明你看不到的不足。高人指点，能让你行路开阔，能为你打开智慧之门。

爸朱定局

亲爱的朋友，你一定要经常主
动地请别人指点。同父母有
差别不好指点，到外有较为高指
点。前面已说过，这里暗中的朋友，
具备比常人好得多的功力。
常人看不见、看不着、看不懂
不进去。究竟、未来之事，对高人
来说都一目了然。这样一样真正
之高人极少，但如果碰到了就
可以引到子所在比他高一些。他
这一都在这一层去一个面才为你师
之高人，他们在最一个面才给你
指点进来，可以给你拔掉门明，可
为你揭开家住真相去面包，可
为你说明你看不到之不足。高人
指点，就以给行给开闹，就为
你打开智慧之门。卷来这后

21

战略要三思

　　亲爱的孩子，在战略上要三思而后行，在战术上要边行边思。走路之前要三思，根据目标选路再行，而不能盲目乱行。一旦开始走了，就不要每走一步之前都三思，那会导致每走一步停三下，而到达目标前要走无数次，必然导致停无数下而耗费大量时间，从而延误到达目标的时间和速度。在开始走之前根据目标选路只有一次，耗费点时间是值得的，因为一次战略开始实施时就会对应无数战术。磨刀不误砍柴工，在战术的砍柴之前的战略阶段进行磨刀是明智之举。而一旦开始砍柴的战术，再进行磨刀的三思就是不明智之举了。

爸朱定局

亲爱的各位老师，也在线给大家一个建
议，在此基础上我边行边
思考，走路也好，跑步也好，根据
目标选路再行，而不是纯盲目
地行。一边手机走小的不
妨再走一步，到那三思，那会
导致本走一步停三下，而到
达目标所花的时间太久，也会
导致浪费无必要，而且耗费大
量时间，从而延误到达目
标的时间和进度。在开始走
之前根据目标的远近，只有一次
才能去中间选择导向，因为
一旦我们开始实施计划会对
完成的战术有所不利，所以
第二，在战术的选择上到底
完成目标的执行情况下是明
智之举，但一旦开始动摇
了战术，再进行修正又是三思
也是不够智之举，小编来之
后

22

选择的依据

　　亲爱的孩子，当你为选择而苦恼的时候，无非是为了得失而举棋不定。而如果选择时考虑的是得失，必然会导致选择的困难，因为有得必有失，每一种选择都会有利弊，甚至有时不相上下，让你进退两难、左右不是。其实得失并不重要，因为任何得到的东西终究会失去，而任何失去的东西将来还可能再得到。更重要的东西是爱、是你与苍生之间的爱、是你为苍生所做的贡献，在得失不相上下、难以决策选择之时，以此贡献作为选择的依据，可使你的选择果断而英明。但不能完全抛弃得失，只以贡献为依据，如果个人失尽，以何来贡献、来爱苍生？泥菩萨自身难保，如何度人？

爸朱定局

亲爱的孩子，当你为选择而苦
恼的时候，无非是为了得失而
举棋不定。而如果选择时总是
去计得失，必然会导致选择
会很难。因为有得必有失，每一
种选择都会有利弊，甚至有时
不相上下，让你进退两难，左
右不定。其实得失并不重要，因
为你今得到的东西或完全失
去，而你今失去的东西并非已
无法再得到。更重要而东西是
否、是否与老生之间的会、是
你为老生断做的适新，在得
失不相上下，难以决取舍的
时，以此为选择的适据，
可使你的选择果断而英明。
但不能完全切为得失，别以
其作为依据，因为如果个人
失尽以自未来做来做老生，
泥老形有身难得，如何度人？
爸爸之言

23

尽力帮

　　亲爱的孩子，当别人求你帮忙时，即使你感觉没有能力或没有条件帮别人，你也不要拒绝别人。别人既然求你帮忙，必以为你有能力、有条件帮，如果你拒绝别人，别人则会认为你不愿帮。所以你应答应别人，并尽量行动，让别人看到你努力了，但因能力和条件不足帮失败了，则别人不会怨恨你不帮。同时，你要尽快让别人看到和明白这种能力或条件的不足，便于别人改去想其他办法而不耽误别人做事的时机。如果你拖到最后才让别人知道你没能力或没条件帮，而延误了别人做事的时机，必会给别人带来无法弥补的损失，那别人就更怨恨你了。

爸朱定局

亲自去帮忙，当别人求你帮忙时，即使你实在没有能力或没有条件帮别人，你也不要拒绝别人。别人现在来找你帮忙，必以为你有能力、有条件帮，如果你拒绝别人，别人心会认为你不愿帮，所以你应先答应别人，而不是行动上让别人看到你努力。但因能力和条件不足，帮不成了，则别人也会谅解你不帮。同时，你要尽快让别人看到和明白这件事你能力或条件等不足，便于别人赶去想其他办法而不致耽误别人的事等时机。如果你拒绝别人后才让别人知道你没有能力或没有条件帮，而延误了别人的事情的时机，给别人带来无法弥补的损失，那别人也更加恨你了。若果是帮

24

找到钥匙和锁孔

亲爱的孩子，当你做某件事情感觉到难，就说明你还没有找到钥匙，仍在那里硬撬硬推，自然无比费力。古人说"会者不难，难者不会"，当你会的时候必已找到钥匙，用钥匙开门，则轻而易举，只费吹灰之力，而未找到钥匙前就做，则会费九牛二虎之力也不一定能入门。可见，做任何事的关键是要找到钥匙，并能找到事情的本质所在的锁孔，钥匙能开启事情本质的锁孔。如果没有现成的钥匙，那就要根据事情的本质所在的锁孔去打造钥匙，可见打造钥匙的关键是认识事情的本质，而钥匙则是面向本质的核心、基本方法，其他一切方法都万变不离核心、基本方法这个宗。

爸朱定局

亲爱的孩子，当你做某件事情感觉到难，功发明你已没有找到钥匙，你在那硬撬硬扳，自然无比费力。古人说以会者不难，难者不会，当你会后就会对应找到钥匙，用钥匙开门，则轻而易举，决费吹灰之力。那未我到钥匙而功会呢，则会费力于二处之方也不一定纸上门。

可见，做任何事要实使是要找到钥匙，不就找到事情的本质所己经错了，钥匙就开启事情本质与锁和。如果没有妙找到钥匙，那功要找那事情的本质以己经锁和去找这钥匙，可以找去钥匙与之便是人以力解决本质。而钥匙则是面向本质的捷径、基本方法，其它一切引法都离不离坶与基本方法这不忘。爸爸托之后

25

回报指路人

　　亲爱的孩子，不要忘记感谢和回报给你指路的人。不要以为路是你自己走的而指路的只动了动指头，如果不是指路的人给你指路，路有千万条，你走哪一条？如果你乱走，那是无法走到目的地的，即使最后走到了，也不知要弯多少路，要花有人指路时你所走之路几倍甚至几十倍的时间和精力。别人指路给你省下的时间和精力远远超过了你走路所花的时间和精力，也就是说你走到目的地的功劳中其实大部分是指路人为你创造的。所以到达目的地后要感恩在工作中、学习中或生活中为你指路的人。

　　　　　　　　　　　　爸朱定局

亲爱的往后，不变是记得那
回报给你帮助的人，不发不
为帮忙是应自己走的而帮你走
动了动脚头，如果不是帮你走
人给你帮忙，路有千万条，该
走哪一条？如果你孔走，那是无
法走到目的地的，即使最后
走到了，也不知要弯多少路，
再者有人帮忙时比所走之路
以省去无几十给的时间和精
力。别人帮忙给你节下了时间
和精力这远远超过你走路
所花的时间和精力，也就是
说你走到目的地各功劳中其
实大部分是帮你人为你创造
的，所以我走且多地要常怀感
恩在工作中，学会由衷走动中
为你帮路的人。若长远局

26
知识与智慧

　　亲爱的孩子，现在地球上书这么多，为什么地球上真正有智慧的人并不多？因为书中只有知识，没有智慧。有的人学习知识后能增长智慧而有的人却不能，是因为不同的人学习知识的胃口不同，有的人能吃下知识的饭并消化成智慧的营养，而有的人即使吃下去也是消化不良，不但没转化为智慧的营养，反而积压在胃中变臭变酸成了书呆子。当然，还有的人一吃就吐或根本不想吃，这种人看书左眼进右眼出，左耳进右耳出，根本学不进去。

　　　　　　　　　　　　　　爸朱定局

亲爱的孩子，现在纸张上书这
么多，为什么纸张上真正有智慧
的人并不多？因为书中只有知识，
没有智慧。有些人学习知识能
够增长智慧而有些人却不能
，因为不同的人学习知识的胃口
不同；有些人能吃下知识名物的
营消化成智慧名营养，还有
些人即使吃下去也是消化不
良，不但没转化为智慧名营
养，反而积在显中酿其营成
成了书呆子。当然，还有些人一
吃就吐我根本不想吃，这
种人看书左眼进右眼出，左
耳进右耳出，根本学不进去。
爸爸之后

27

三思而后行

　　亲爱的孩子，做事一定要三思而后行。如果不思而为，一件事做一百年也不一定能做成，闭着眼睛走路当然极难走到目的地。如果一思而为，一件事做一百年则可能做成，初步看一下路就走，那难免会走一些弯路；如果二思而为，一件事做十年，则可能做成，再次看一下路那就能避免走很多弯路；如果三思而为，一件事做一年，则可能做成，反复看路就能找到捷径，从而事半功倍。但思来思去，只能通过做才能实现，否则纸上谈兵徒劳无益。

爸朱定局

亲爱的孩子，做事要三思
而后行。如果不思考为一
件事做一百年也不一定做
成，闭着眼睛走路只能摸
着走到目的地。如果一思考
为一件事做一百年则可就
做成，如果看一下就动手，
那难免会走一些弯路；如果
二思考为一件事做十年，则可
做做成，再次看一下就那也
能进完走很多弯路；如果三
思考为一件事做一年，就可
做做成，白费苦时动做我
引捷径，从一件事中功效。但
思考要思考，只做要适做才能
实现。不少做上说少能做
为止。爸妈寄语

28
先找工具

　　亲爱的孩子，做任何事情都要先找工具，而不要徒手去做，因为工具是前人做事的经验固化而成，如果徒手去做，则必然落后于时代，别人都开车、开飞机，你还是用双足，则不论你有多努力，也无法赶上更不用说超过别人。实现任何目标的高楼，都不要从平地上开始做，而要找到当前地球上已有的最高楼，然后站在最高楼上构建高楼，你才能达到地球上新的高度，否则你从平地或低楼花了很多时间构建的楼不一定能达到当前最高楼，对人类的文明毫无贡献。即使到后来能超过当前最高楼的高度，那你也做了太多的无用功，浪费了生命与光阴。

爸朱定局

亲自去检查、做任何事情都
要亲自找么具，因为工具是别
人做事务临险困难而戍，如
果你一分做，则会能为你去
替代。别人都开车、开飞机，
你已不用双足走，则不论你有
多努力，也无法赶上更不用
说超过别人。实现你自目标
多高楼，都不是从平地上开
始的吗，所需找到别的地球
上已有么最高楼，你才能
造出地球上新么高楼，否则
你从平地找低楼起么很
多时间找其么楼不一定能造
出到别最高楼，对人类么么够
毫无贡献。即使到你未能
超过别最高楼么高度，
那你也找了太多么无用功，
浪费你生命与光阴。是未之
局

29

总体上下功夫

　　亲爱的孩子，做任何事都要在总体上下功夫，只有全局总体上完美无缺后才能轮到在局部细节上下功夫，因为在全局总体上下功夫事半功倍，而在局部细节上下功夫事倍功半。在不完美的全局下、总体中完美的局部细节毫无价值，在不完美的局部、细节之外如果有完美的全局、总体，那么就能以全局、总体这"一白"遮盖局部、细节的"三丑"，就能全局、总体一"成仙"，局部、细节都能"鸡犬升天"。在全局、总体上下功夫就是在做乘法，在局部、细节上下功夫就是在做加法，功效之差异有天壤之别。当然，在全局、总体上完美之后，再使局部、细节完美，不失为锦上添花。

爸朱定局

亲爱的孩子：做任何事都要
在总体上下功夫，只有全局总体
上完美无缺点才能抓到别在局
部细节上下功夫。因为在全局
总体上下功夫事半功倍，而在
局部细节上下功夫事倍功
半。在不完美的全局下、总体
中完美的局部细节毫无价
值。在不不完美的局部、细
节之外如果有完美的全局、总
体，那么如何以全局、总体
"一俊"遮盖局部、细节的"
三丑"，构成全局、总体一"俊
他"，局部、细节都成"鸡
犬升天"。在全局、总体上下
功夫如果在做无法，而在局
部、细节上下功夫就是在做
加法。功到自然成等等有天壤
之别。当然在全局、总体完美
之后，再使局部、细节完美，不
失为锦上添花。如果总局

30

利别人

亲爱的孩子，什么是情商高？对你感恩的人越多，说明你的情商越高；对你怨恨的人越多，说明你的情商越低。如果对你感恩的人多，你这个鱼就能如鱼得水、任意畅游、万事顺利、四方通达。如果对你怨恨的人多，你就是行走在刺藜之中，往往步步维艰、痛不欲生。可见，情商的高低与你的生活幸福及事业成功都密切相关。如何使人对你感恩？利别人。如何导致别人对你怨恨？害别人。可见，情商的高低本质上取决于你心中有多少善。

爸朱定局

亲爱的孩子，什么是情商高？

对你忠之的人越多，说明你的情商越高；对你怨恨的人越多，说明你的情商越低。如果对你忠之的人多，你这个道的他如鱼得水，自意畅游、凡事顺利、四方益士。如果对你怨恨之人多，你就如行走在荆棘之中，他在寸步维艰、痛苦终生。可见，情商的高低与你的生活幸福及事业成功都密切相关。如何让人对你放恨？别别人。如何导致别人对你怨恨？害别人。可见，情商的高低本质上取决于你让中情商为善。

爸爸

31

有所不为

亲爱的孩子，有的人整天很忙却劳碌少功，有的人闲得很却成果丰硕，这是因为有的人见事就做，而有的人有为有所不为。首先为有用之事，其次为可为之事。无用之事占一半，不去为，则闲了一半；反之，如果为之，则忙了一倍。不可为之事占一半，不去为，又更闲一半；反之，如果为之，结果必败，却又更忙了一倍。无用之事易知。路上若有宝玉，人们都会去捡，而路上若有石头，人们都不会去捡，因为石头不值钱而宝玉值钱。不可为之事难察。察不可为之事的关键是看事情的条件是否已成熟，若不够成熟则不可为，为之必败，反忙一场。如果把时间和精力花在无用、不可为之事上，那么留给有用、可为之事上的时间、精力就很少，而只有有用、可为之事才能出成果，自然导致成果稀少。反之，将所有时间、精力都花在有用、可为之事上必然成果很多。

爸朱定局

亲爱的孩子，有的人整天很忙却劳碌少功。有的人闲暇很多成果丰硕，这是因为有些人忙事务性，而有些人有为有所不为。首先为有用之事，其次为可为之事。无用之事占一半，不去为，则闲了一半，省之。如果也之，则忙了一倍。已可为之事占一半，不去为，又更闲一半，省之。如果为之，结果失败，却又更忙了一倍。无用之事易知。路上若有宝玉，人们都会去捡，而路上若有石头，人们都不去捡，因为石头不值钱，而宝玉值钱。不可为之事难察。察不可为之事的关键是看事情的条件是否已成熟，若不够成熟就勉强去为，为之会无功，反忙一场。如果把时间和精力花在无用、不可为之事上，那么留给有用、可为之事的时间、精力就很少，而只有有用、可为之事才能出成果，自然导致结果较少。反之，把所有时间、精力都花在有用、可为之事上，必然也结果很多。爸爸这里

32

不要想着一步到位

　　亲爱的孩子，做任何事都不要想着一步到位。不要以为一步到位最快捷，其实相反，一步到位可能是最慢的方式，且极易导致失败。因为在做一个事的过程中，成事的条件不可能一开始就全部成熟，而是一部分一部分地逐渐成熟。如果在事情条件未整体成熟时一步到位地做事，那就会导致事情的失败；如果等到事情的所有条件全部成熟，那需要等待很长时间，可能等你做时已经被别人抢先做了，即使事情做完了，也会落后于竞争者而丧失竞争力。最好的方法是条件成熟一部分就及时地做一部分，这样分多步做，必能大大提前事情的完成时间。

爸朱定局

亲爱的孩子，你做任何事都不要急着看一步到位。不要以为一步到位是快捷，其实相反，一步到位可能是最慢的方式，且极易导致失败。因为在做一个事务过程中，成事条件一件不了就一开始如会部成就，而是一部分一部分地已逐渐成就。如果在事情条件未整体成就时，一步到位地做事，那么会导致事情不顺的；如果等到事情全部条件整备会都成熟，那都要等的很长时间，可能等不到此时已经被别人抢先做了，即使事情做完了，也会落后于竞争者而丧失竞争力。最好的方法是条件成熟一部分就及时地做一部分，这样分多步做，才能抢时机又赢得完成时间。各样之为

33

充分沟通

　　亲爱的孩子，你是社会的身体中的一个部位，如果你与社会其他人之间不充分沟通，因为相互不知情引起各种误会、耽误事，则会使你这个部位与社会其他部位之间气血不通，不通则痛，从而给你的生活和工作带来各种各样的麻烦。所以，你要将需要别人知道的信息尽早地、尽可能明白地告诉别人，同时将你需知道的信息尽早地、尽可能明白地打听清楚，这样才能使得你这个部位气血通畅，做任何事都非常顺利，因为会有其他所有相关部位的及时配合。

爸朱定局

亲爱的孩子，你是社会的身体中的一个部分，如果你与社会其他人之间不能够沟通，因为相互不知情引起各种误会、耽误事，则会使你这个部分与社会其他部位之间气血不通。不通则痛，从而给你的生活和工作带来各种各样的麻烦。所以，你需要尽量多地了解到社会的各种信息尽早地、尽可能明白地告诉别人，同时也你需要知道各种信息尽早地、尽可能明白地弄清清楚，这样才能使你这个部位气血通畅，做任何事都非常顺利，因为会有其他所有相关部位会及时配合。爸爸之后

34

做事不要怕绕弯子

　　亲爱的孩子，做事情要讲究技巧。门如果太小，直着过不了，那你就弯着身子过；弯着还过不了，那就爬着过；爬着还过不了，那就绕着过。如果硬闯，不但过不了，还会受伤。做事不要怕绕弯子，绕弯子看起来费时费力，却能助你成功，横冲直闯貌似快捷，实为死路一条。明目张胆不如暗度陈仓，因为明目张胆地敲锣打鼓，虽然风光，可往往事情还没起步就被对手灭了；而暗度陈仓地实干，事情做成了，对手还蒙在鼓里，即使知道了也大局已定。

爸朱定局

亲会在后士，做事情要讲究技
巧。门如果太小，直着过不去，
那你能侧着身子进；侧着过不去
了，那你能弓着身子；爬着过不去
了，那你能趴着过。如果硬闯，
爬过去不了，已会受伤。做事不
要怕绕弯子，绕弯子看起来费
时费力，却能助你成功，横
冲直闯的他快捷，实为凡
路一条。明目张胆不如暗度陈
仓，因为明目张胆地锣鼓打
鼓，等于问竞，可往往事情已
发起等你的对手火了，而暗
渡陈仓地实干，事情做成了
对手还蒙在鼓里，那他知
道了也大局已定，无事之
后

35

有困难也要帮别人

　　亲爱的孩子，别人找你帮忙的时候往往也是你忙的时候，别人有困难找你帮忙的时候往往也是你有困难的时候，为什么会这样？因为一冷天下寒，大家都觉得冷，农村搞双抢的时候家家都忙着收割播种，兵荒马乱年代家家都缺衣少食。你比别人相对能力强点或人手多点或闲点或手头宽裕点，别人才找你帮忙。如果你在此时因为自己也有事、也有困难而不帮别人，那你就失去了给别人雪中送炭的机会，失去了爱苍生并被苍生爱的机会，因为如果你想等到你一点都不忙、毫无困难时再帮别人，那时必已到春天，别人也不冷了，别人也没必要来找你帮忙了。所以在你也觉得寒冷的冬天，当有人向你求救时，你要尽力施以援手。

爸朱定局

亲身去待过，别人我给帮忙
的时候经位也是在忙的时
候，别人有困难找你，任何候
经位也是你有困难的时候
，为什么会这样？因为一冷天
下寒，大家都觉得冷，农村
插秧的时候家家都在
抢收割播种，人熟了就
不比家家都缺衣少食。你
比别人相对比方强些做人
才会让我们去实于头富给些，
别人才找你帮忙。如果你在
比别困为自己也有事，也
有困难而不帮别人，那你知
手去了给别人留中这点小事
会，手去了会发生好做差些
益名私会，因为做事的对些
到你一点都不小会，毫无困
难时用帮别人那时这让别
事天，别人也不会了，别人
也没必要求我帮别人了
。所以也你也完转事无
么多不，言别人向你求救时儿
要尽尽力范围援手。做未
之后

36

在细节上让步

　　亲爱的孩子，为了大收益要勇于冒小风险，小让步是为了大进步。如果你不让步，那事情就卡在那里，虽然你没什么小损失，但也不会有什么大进步。如果你让步，虽然当前会有一点小损失，而且也会有毫无所获的风险，但也有将来大收益的机会。即使让步后毫无所获，对你的影响也不大，因为是小损失，而一旦大有所获，则对你意义重大，可见在重大事情的小细节上多让步有大益无大害。

　　　　　　　　　　　　　　　　爸朱定局

某领导说，为了大的变更不要干
冒小风险，小试验是为了大
进步。如果你不试验，那事情
就卡在那里，虽然你没什么
小损失，但也不会有什么
大进步。如果你试验，虽然会
到会有一些小损失，而且也
会有毫无所获的风险，但
也有将来大的变更机会。
即使试验有毫无所获，对你
也将的也不大，因为是小
损失，但一旦大有所获，则
对你意义重大。可见在重大
事情的小细节上多试验有
大益无大害。卷末尝局

37

不断付出

　　亲爱的孩子，人与人之间的关系有如绳索铁链，如果不加过问，随着时间的流逝，终有一日会腐朽而断裂。你要想与别人友谊永恒，就需要不断修补和加粗绳索或铁链。修补和加粗的途径就是不断为别人付出来有利别人、帮助别人、关爱别人，这样你与别人的连接就会日益紧密，这样你们团结在一起的力量就成了你的力量，当然也成了别人的力量，这种力量给你带来的收益会远远超过你为友谊所做出的付出。

爸朱定局

亲密起来好，人与人之间关系
如绳索系着链锁，也累了，加
过问，随着时间而流逝，
总有一日会腐朽而断裂。你
要想去到永远永恒，就要
需要不断修补和加粗维系我
铁链。修补和加起是为经
利足不断为别人付出来有
利别人，帮助别人，关爱别
人，这样你去给人正能量，此会
且互生意，这样你们团结在
一起无力易就成了你自力
易，当然也成了别人自力
量，这种力易给你带来自
收益会远远超过你为友
宜所付出自付出。若某至
后

38

关键骨肉

　　亲爱的孩子，与其把时间耗在无关成败的细节上，还不如去多做些决定成败的大事，这样必能取得更多的成功。成败的砝码就那么重，如果关键的骨肉丰满，不论你将少数细节的皮毛做得是否完美，都不会改变成功的结果，那又何必多此细节之举来浪费时间，而这些被浪费的时间如果用在其他事情的关键骨肉上，必能带来更多事情的成功。

　　　　　　　　　　　　　　　爸朱定局

完美。如辫子，如其花时间耗
在无关成败的细节上，还不
如去尽快解决主好好抓大事
这样你就取得更多的成
功。你也会发现其实那些，如
果采纳细节内未指，不在乎
将少数细节的完美做得
更不完美，都不会改变成功
的结果，那又何必为比细节
之举来浪费时间，而这些浪
费多时间如果用在其他事情
如关键细节上，你就常常要
事倍功成功，老是去右

39

雪中送炭

亲爱的孩子，同样一件事情，若是雪中送炭，别人会倍感温暖；若是锦上添花，别人就会毫无感觉。别人的手如果很热，即使放到你的温水中，也会感到你的水很冷；别人的手如果很冷，即使放到你的温水中，也会感到你的水很暖。你要多做雪中送炭的事情，对别人有益，别人会感恩；你要少做锦上添花的事情，别人不在乎。雪中送炭，即使你付出很少，也能得到翻倍回报；锦上添花，即使你付出很多，也是石沉大海，有去无回。

爸朱定局

亲爱的姑娘，同样一件事情，

若是雪中送炭，别人会倍感

温暖；若是锦上添花，别

人却会毫无感觉。别人的

手如果很热，即使放到你的

温水中，也会觉到你的水

很冷；别人的手如果很冷，

即使放到你的温水中，也

会觉到你的水很烫。怎么

做雪中送炭的事情，对别人

有益，别人会觉得；怎么做

的锦上添花的事情，别人

不在乎。雪中送炭，即使付出

很少，也能得到翻倍的回

报；锦上添花，即使付出也

很多，也是石沉大海，有去无

回。老某（？）

40

知果而行

　　亲爱的孩子，为什么初生牛犊不怕虎？因为无知者无畏。不知做事的后果而去盲目地做，即使能收获一点成果，给自己种下的后患也会远大于成果，这样行事出力不讨好，不但无益反而有害，劳碌无功反而有过，这都是有勇无智、有勤无知的恶果。如果缺少正确的知识和运用知识的智慧，那勇猛和勤奋有害无益，只会给自己闯下更多祸端与麻烦，因为不断做错误的事不如不做事。无知地胆大不如胆小，无知地勤奋不如懒惰。如果无知无智，即使好心也会办坏事、把事情办坏。

爸朱定局

亲爱的孩子，为什么要牺牛
牲不怕痛？因为无欲者无
惧。不会做事的结果所去盲目
地做，即使能够获一些成
果，给自己种下的后患也会
远大于成果，这样行事也
为不讨好，不但无益反而有
害，劳碌无功反而有过，这
都是有勇无智、有勤无知的
恶果。如果缺少正确的知识
和适用知识的智慧，那勇猛
和勤奋有害无益，只会给自
己留下更多麻烦与祸，因
为不断地错失的事不如
不做事。无知地胆大不如
胆小，无知地勤奋不如
懒惰。如果无知无智，即使
好心也会办坏事、把事
情办坏是某种局

41

改造、创造条件

　　亲爱的孩子，改造、创造条件更能产生巨大的成就。如果有路，你可以利用路致富，如果没有路，你可以修路、开路致富，而且你修了路，还可以供大家一起致富，造福众生，自然能使你获得更大的成就。前人栽树后人乘凉，前人开路后人走，但并不是所有条件都已由前人预备好。当条件不具备、不完善时，你就应勇于栽树开路，为自己也是为大家更是为了子孙万代，其功德远远大于利用已有条件。

　　　　　　　　　　　　　　爸朱定局

亲爸爸告诉我，修道、创造条件
比利用条件更能产生巨大的
成就。如果有路，你可以利用
得致富，如果没有路，你可
以修路、平路致富，而且
你修了路，还可以供大家一
起致富，造福众生，自然就
会让你获得更大的成就。别
人栽树后人乘凉，别人可
踩后人走，但并不是所有条
件都已由前人准备好。当
条件不具备、不完善时，你
就应勇于我报开路，为自
己也是为大家更要勇敢地
来开拓，其功德远远大
于利用已有条件。危素王记

42

抓住时机

　　亲爱的孩子，当时机来临时一定要及时抓住，因为一切都在不断发展变化，如果错过了时间，就无法再利用这次机会。有的时机几乎是千载难逢的，但这千载难逢的机会也许只持续几天甚至几秒，错过之后需等更长时间例如几千年才会有第二次。当某项事业成功的时机来临时，抓住时机则能成就该事业，否则一旦时机失去，则成功是空中楼阁。没有时机的奠基，想成功是几乎不可能的。

爸朱定局

某些个机会，当时机来临时一
这需及时抓住，因为一切
都在不断发展变化的，如果
错过了时间，也无法再利用这
次机会。有的时机随手是于
我们急的，但之千载难逢的
机会也许只稍纵以未甚至
几秒，错过之后需等更长时
间甚至几千年才会有第二次。抓
某项事也成功的时机来临时
，抓住时机则就成功该事也
，否则一旦时机失去，则成功是
半中错倒，没有时机的奠基，
要成功是同手不可能的。色果
去做

43

尊重别人

　　亲爱的孩子，如果你尊重别人，即使别人难说话，对你也会变得好说话；如果你不尊重别人，即使别人好说话，对你也会变得难说话。任何人都希望自己被重视，你重视别人就是尊重别人，你不重视别人甚至轻视别人就是不尊重别人。当有多个人在一起时，你要热情对待每一个人，而不能对有的人热情而对有的人冷淡，否则必有人认为不受重视。你尊重别人，别人就会尊重你，从而方便你、帮助你、支持你、赞美你；你不尊重别人，别人就不会尊重你，从而为难你、打压你、阻碍你、诋毁你。

爸朱定局

亲爱的孩子，如果你尊重别
人，即使别人瞧不起你，时间
也会赢得你尊重他。如果你不
尊重别人，即使别人瞧不起你，
对你也会赢得难免说。任何
人都希望能被尊重，你尊重
别人就是尊重别人，你不尊重
别人甚至轻视别人也是。又
要尊重别人，当有多个人在一起
时，你要知道对待每一个人，而不
能对有些人热情而对有些人冷
漠。否则也有人比你更尊重
。你尊重别人，别人就会尊重
你，从而方便你、帮助你、支
持你、赞美你；你不尊重别
人，别人就不会尊重你，从而为
难你、打击你、陷害你、诋
毁你。各无结局

44

考虑得失

　　亲爱的孩子，做任何事情都要既考虑收益，又考虑成本和潜在的风险以及将来可能的损失。有的人做事只看到收益，看不到风险、成本和损失，以为占了便宜，其实吃了大亏；以为在前进，其实是后退；以为有功劳，其实是成事不足、败事有余。这种人整天忙忙碌碌反而越忙越乱。你在做任何事之前都要全面地考虑得失，如果得大于失则可为，如果得小于或等于失则不可为，这样有所为有所不为，既不空忙，又有真收益。

爸朱定局

亲爱的结女，做任何事情都要考虑收益，又考虑成本和潜在的风险以及将来可能的损失。有的人做事只看到收益，看不到风险、成本和损失，以为占便宜，其实吃了大亏；以为在前边，其实更大；以为有功劳，其实是成事不足、败事有余。这种人整天忙忙碌碌反而越忙越乱。你在做任何事之前都要全面地考虑得失，如果得大于失则可为，如果得小于或等于失则不可为。这样有所为有所不为，既不瞎忙，又有真收益。若某某局

45

掌握真理

亲爱的孩子，这地球上没有强者。即使是钢铁也会锈，也会在熔炉中熔化，也会折断，何况血肉之躯的人。人往往以自己有思想、身体复杂而不知天高地厚。实际上，不论人是否有思想，不论人的身体有多精密与复杂，人与草与钢铁没有什么两样，同样会花开花落、月圆月缺，根本谈不上强，在自然社会规律和真理面前无强可谈。真正的强者是掌握真理的人，与真理融为一体的人，用真理武装自己的人就是真正的强者，因为这世界就是由真理所运行、掌控的，真理是畅通无阻的。得真理则得天下，是无名之真王。

爸朱定局

亲爱的绅士，它地球上没有强者，即便是钢铁也会锈，也会在烈火中熔化，也会折断，何况血肉之躯的人。人往往以自己有思想、身体强壮而不把天地放眼里。实际上，不论人是否有思想，不论人的身体有多强壮，与芸芸众生、一草一木、钢铁没什么两样，同样会老、同样会朽，川流川息，根本谈不上强。在（面对）社会规律和真理面前无强可依。真正的强者是掌握真理的人，与真理感悟相伴的人，用真理武装自己之人，即是真正的强者，但因这也算不上是由真理所之行、掌控它，真理才将远在正强。即得真理则得天下，真无名之真王。卷末之局

46

要下水

亲爱的孩子，一定要下水，因为看别人下水千万次，不如自己下水一次。看别人下水千次万次，你心里仍然没自信，在真下水时仍会手忙脚乱；自己下过一次水，不论水的深浅，你心里就不再对下水有畏惧，就会在下次下水时胸有成竹。第一次下水一定要下最浅的水，因为第一次下水最没经验，如果水深就极易失败，而失败会导致你对下水产生畏惧感，对今后下水不利。早下水早自信，就能早成为下水高手，但第一次下水一定要下浅水，否则今后可能就不敢下水了。

爸朱定局

亲爱的爸爸好，一支要下跌，因为看到人下跌干么这，不如自己下跌一个。看到人下跌干得多这，你心里肯定没自信，也跟下跌时你会手忙脚乱，自己下跌一个跌，不论跌如保涨，你心里的不再对下跌有恐惧，就会在下个下跌时则有成竹。第一个下跌一支要下最说何跌，因为第一个下跌都没在跌，如果跌拿的格多多跌，反失的会导致你对下跌多生恐惧感，对今台下跌下到早不跌早自跌，说跑年此的下跌高手，但第一个下跌一支要下涨跌，否则今台可能如不敢下跌了。如果这会

47

委曲求全

　　亲爱的孩子，一定要委曲求全。很多人在谈判时，在小处斤斤计较，即使在小处取得一点优势，但可能会导致谈判失败，那就使得所有小处都全军覆没，斤斤计较又有何用？所以在谈判过程中，要从全局胜负着想，而不能为顾全小处的得失而忘记全盘的胜负。委曲求全就是委曲少数地方来顾全所有地方来取得全局的胜利。在全局中即使有少数地方失去了，大部分地方还是得到了，那总体上还是赢了，否则就是全盘皆输。

爸朱定局

亲爱的孩子，一定要委曲求全。很多人在谈判时，在小处斤斤计较，那便在小处取得一点优势，但可能会导致谈判失败，那就使得所有小处都全军覆没，斤斤计较又有何用？所以在谈判过程中，要以全局胜负着想，而不能为顾全小处的得失而忘记全盘的胜负。委曲求全就是委曲少的地方来顾全所有地方来取得全局的胜利，那么就能取得全局的胜利。在全局中即使有少的地方失去了，大部分地方还是赢到了，那总体上还是赢了，否则就是全盘皆输。危来全局

48

不舍本要不得

　　亲爱的孩子，一定不要舍本求末。为什么很多人舍本求末？因为末总是比本更茂盛华丽，枝叶总是比树根茂盛，顶楼总是比底楼更华丽，所以很多人只要枝叶不要树根，只要顶楼不要底楼，但如果没有树根，那么求到的枝叶也很快就会枯萎；如果没有底楼，那么求到的顶楼也很快就会倒塌。舍本求末必会导致求到的末很快就会失去，所以舍本必会舍末。先求本再求末或本末并求才能使求到的末在求到之后不会失去。

　　　　　　　　　　　　　　　爸朱定局

聪明的孩子一定不要舍本求
末。为什么很多人舍本求末?因
为末总是比本更茂盛华丽,枝
叶总是比树根茂盛,顶楼
总是比底楼更华丽,所以
很多人只要枝叶不要树根,只
要顶楼不要底楼,但如果没
有树根,那么茂盛的枝叶也
很快就会枯萎,也果没有底
楼,那么顶层楼也很
快的会倒塌。舍本求末处
会要强抓到多末很快的会
失去,所以舍本终会舍末。制
本再求末找本末等找习细
使得抓到包末在抓到,信不
会失去。免求……

49

双赢

亲爱的孩子，帮助别人时一定要同时有益
于自己，因为只有这样才能可持续地帮助别
人。如果帮助别人会使自己受损失，那么帮助
别人过多，必然导致自己损失过多而无法继续
帮助别人。如何在帮助别人的同时有益于自
己？别人如果需要一个苹果的帮助，那你就种
一棵苹果树，赠给了别人一个苹果，自己同时
收获了一树的苹果，这样帮助别人越多，你就
会越强大富有，从而你就有更多的能力帮更多
的人。

爸朱定局

亲爱的陛下，帮助别人时一定
要同时有益于自己，因为只有自
己强大才能可持续地帮助别人。
如果帮助别人会使自己变衰
弱，那么帮助别人多，必然
导致自己越来越弱而无法继
续帮助别人。如在在帮助别
人时同时有益于己了别人如
果需要一个苹果你帮助，那你
就种一棵苹果树，赠给了别人
一个苹果，自己同时收获了一
树的苹果，这样帮助别人越多，
你也会越强大富有，从而你
也有更多能力帮助更多的人。
爸爸先生

50

好生之德

　　亲爱的孩子，天地有好生之德。什么是好生之德？好生之德就是无树生出新树、老树生出新枝，也就是促进生存与发展。正是因为天地有好生之德，所以万物都爱天地。你也要有好生之德，这样万物都爱你。相反，如果你伐万物之木、砍万物之枝，那么就会成为万物的公敌。万物都爱你，那么你做事就能得到万物的帮助；万物都恨你，那么你做事就会处处遭到万物的报复式阻碍。因此，你要时时保护和促进万物的发展，千万不要剥夺万物的发展。

　　　　　　　　　　　　爸朱定局

亲爱的孩子，天地有好生之德。什么是好生之德？好生之德就是万物生出万物，若树生出树枝，也就是说也生有方能展。正是因为天地有好生之德，所以万物都着天地。你也要有好生之德，这样万物都会你相合，如果你伐万物之木、砍万物之枝，那么就会成为万物的公敌。万物都会你，那么你做事就能得到万物的帮助；万物都恨你，那么你做事就会处处遭到万物的抵抗或阻碍。因此，你要时时保护并帮助万物的发展，千万不要阻止它们的发展。慈父之手

51

天时地利人和

亲爱的孩子，你既要充分利用已有的天时、地利、人和来成事，又要明白天时、地利、人和是可以人为改变的。例如，污染空气则好的天时能变差，治理大气污染则坏的天时能变好；乱伐森林导致水土流失，则好的地利能变差，多种树林则差的地利能变好；待人友善则差的人和能变好，待人恶毒则好的人和能变差。一方面要充分利用已有的天时、地利、人和，另一方面则要积极改善和创造更好的天时、地利、人和。

爸朱定局

亲爱的孩子，你既要充分利用己有的天时、地利、人和来成事，又要明白天时、地利、人和也是可以人为改变的。比如，浇菜空气则如，天时就变善，治理大气污染则坏的天时就变如；就你喜林子引水土，不对失，则如的地利就变善，多种树林则美的地利就变如；待人有善则恶的人和就变如，待人恶毒则如的人和就变恶。一方面要充分利用己有的天时、地利、人和，另一方面则要积极改善和创造更好的天时、地利、人和。爸爸妈妈

52

谦虚自制

亲爱的孩子，你在任何时候都不能自以为是、自高自大，即使你真的在某一方面是世界第一，你也要把自己当成第七，继续谦虚、进步，这样你才能永保第一；如果你骄傲必会导致你粗心大意、不思进取而开始走下坡路，从而失去第一的位置，甚至会沦为末位。古人说"物极必反"，胃口比一般人更好的人往往会暴饮暴食，不知节制而逐日损坏胃肠，久而久之，从量变到质变，终有一日胃痛时悔之晚矣，此时此人胃口连一般人都不如了。可见，人上人若不知自制，假以时日必会沦为人下人，无论财富、名利、身心皆是如此。

爸朱定局

亲爱的孩子：你长大以后的时候都
不能自以为是、自高自大。即便你
真的在某一方面是世界第一，你
也要把自己当成第七，谦虚
谨慎，进步。这样你才能永保
第一；如果你骄傲、自负，自认为
你祖父太重，不思进而命开
始走下坡路，从而失去第一
的位置，甚至会沦为末流。古
人说："虚怀若谷"、"胃口比一
般人要好的人往往会暴饮暴
食，不知节制而适日摄取了过多
食而不化，久久就会引起胃病，从
有一日胃病时悔之晚矣，此时
此人胃口反一般人都不如了。
而凡人上人者不知自制，终
此时日久反会沦为人下人。而适
则恙无剁，身体也是如此。
爸爸走昌

53

不图一时痛快

　　亲爱的孩子，不能只图现在一时的痛快，要考虑这一时的痛快是否会造成将来更大的痛苦。如果现在一时的痛快会造成将来更大的痛苦，那么千万不要图这一时的痛快。现在的将来就是将来的现在，用现在的小痛快带来将来的大痛苦是不值得的，是用一粒芝麻的小收获带来了一个西瓜的大损失。小聪明的人往往只见、只顾眼前的小痛快，而给自己埋下将来大痛之患。大智慧的人会忍戒眼前的小痛快，为自己消除将来的大痛。

爸朱定局

亲爱的孩子，不能只图现在一
时的痛快，要考虑在这一时的痛
快上不会造成将来更大的痛
苦。如果现在一时的痛快会造
成将来更大的痛苦，那么千万
不要图这一时的痛快。现在
能忍到止身来的劲在，用
劲在自己身上带来身来的大
痛苦是不值得的，是用一粒
芝麻给小猫换带来了一个西
瓜的大损失。小聪明的人，
往往只图、只顾眼前的小痛
快，而给自己埋下将来大痛之
患。大智慧的人会忍或眼前
的小痛快，为自己消除将来
的大痛。爸爸之后

54

雪中送炭

亲爱的孩子，别人不饿时，你给别人食物，这属于锦上添花。别人吃饱了，你再给别人食物吃，别人心里肯定很厌烦，这是画蛇添足。当你给别人的东西是别人急需的，别人就会感激并会在将来回报。这就是雪中送炭。你应多雪中送炭，少锦上添花，千万不要画蛇添足。

爸朱定局

亲密关系送上，别人又饿时，你
给别人食物，这属于锦上添
花。别人吃饱不，你再给别
人食物吗？别人也里省去
很麻烦，这是画蛇添足。
当你给别人东西是别人急
需，别人就会记得，会记得来
回报。这叫做雪中送花。如何
雪中送花，为锦上添花，十倍
又是画蛇添足。如果这局

55

智慧与幸福

　　亲爱的孩子，智慧是幸福快乐的源泉，因为你的智慧越高，你就越能避开障碍、看到捷径，从而能畅通无阻，就越能知道万物本性而利用自如，从而能心想事成。总之，智慧越高，你就能获得越大的自由，就越无所不能，从而就越幸福快乐。智慧是无限的，所以总是可以不断增长。幸福快乐也是无限的，也是可以不断增长。

爸朱定局

亲爱的孩子：智慧是幸福快乐
的源泉，因为你的智慧越高，
你对规律越熟悉、开辟捷径、看到捷
径，从而破除过种阻，动
越规律道理的本惯而利用自
己，从而使心想事成。这个
智慧越高，你规能获得
越大的自由，成就你所不能，
从而越幸福快乐。智慧是
无限的，所以还是可以不断
增长。幸福快乐也是无限的
也是可以不断增长。老
朱立周

56

内心谦虚

　　亲爱的孩子，要永远地谦虚，不只是在别人面前谦虚，而且要在内心中真正地谦虚。在别人面前谦虚是为了礼貌和不被别人妒忌，而在自己内心真正谦虚是为了继续进步。即使你已有无上的智慧，即使你已是大师，也要继续把自己当学生，因为只有永远把自己当学生，才能永远学习而不断增长智慧。智慧是无穷无尽的，所以其增长也是没有极限的。反之，一旦不把自己当学生，停止学习的步伐，那么智慧就会停止继续增长。

爸朱定局

善者的谦虚，需不止地谦虚，不只是在别人面前谦虚，而且要在自己心里地谦虚。在别人面前谦虚是为了记住别人，不得罪人妒忌，而在自己内心真正谦虚是为了继续进步。即使你已有刀上的希望，即使你已是大师，也要继续把自己当学生，因为只有把这把自己当学生，才能让这老师不断增长智慧。智慧是学无止尽的，所以其增长也是没有极限的。但是，一旦不把自己当学生，将比学习的当成，那么知慧就不会得以继续增长。卷来五何

57

应有目标

　　亲爱的孩子，任何事情都应有目标。什么是目标？目标就是能体现你所做之事价值的彼岸。如果没有目标，那你做的事情就无法转化为价值，那么你做事就只有付出和消耗，而没有收益，长此以往，你就会失去做事的热情而最终失败，因为人生的成功是由一次又一次的收益积累而成的。所以，孩子，你应赋予任何事情一个目标，这是画龙点睛之笔，轻松一点胜过劳作半年，因为是事半功倍之举。没有目标是无头苍蝇；有了目标就是有眼蜜蜂，才能采到蜂蜜。

爸朱定局

亲爱的孩子，做任何事情都应有目标。什么是目标？目标就是你做完这件事情之后所要达到位的彼岸。如果没有目标，那你做的事情就没法衡量此为价值，那么你做事就只能付出却消耗，而没有收益。长此以往，你就会失去做事的热情而最终失败。因为人生的成功是由一次又一次的收益积累而成的。所以，孩子，你在做任何事情一个目标，这是画龙点睛之笔，轻松一笔胜过劳作半年，因为是事半功倍之举。没目标是无头苍蝇，有了目标就是有眼蜜蜂，才知道引蜂蜜。花果之后

58

尽管耕耘

　　亲爱的孩子，虽说"一分耕耘一分收获"，但有时你耕耘了，并没有获得成果，这时你也许就会怀疑这句话的真实性，你会觉得耕耘了不一定有收获。事实上，耕耘一定有收获，但不一定在此时此地，所以你现在看不到收获不等于没有收获，因为收获可能会在另一个时间和空间成熟，只是当那个收获出现时，你不一定知道对应的是此次耕耘的结果。所以孩子，你尽管耕耘吧，不用担心没收获，即使当前未有收获，也不必伤心，因为只要耕耘了，收获只是迟早的事情。

爸朱定局

亲爱的女主,虽说"一份耕耘
一份收获",但有时你耕耘了
并没有获得成果,这时你也
许就会怀疑这句话的真实
性,你会觉得耕耘了不一定
有收获。事实上,耕耘一定有
收获,但不一定在此时此
地,所以你现在看不到收
获不等于没有收获!因为收
获可能就会在另一个时间和空间
出现。只是当那个收获出现
时,你不一定知道对方的曾
此次耕耘的结果。所以放
心你去耕耘吧,不用担
心没收获,即使真的
未有收获,也不必伤心,
因为只要耕耘必收获,这是
早晚的事情。爸爸寄语

59

能力与功劳

　　亲爱的孩子，如果你无意中卷入了人事的漩涡，那么往往会吃力不讨好。事情是你做的，但功劳却成了别人的。这个时候你丝毫不必觉得委屈、郁闷，因为能力要比功劳宝贵得多。能力是树，功劳只是树上长出的果子。果子吃掉就没了，但树能不断长出新的果子。你虽然没得到功劳的果子，被别人摘去吃了，但你在做事过程中增长了能力的大树，这要比那被摘的果子宝贵无数倍！所以无论是否有功劳，都应为自己能力的提升而高兴和庆贺。

爸朱定局

亲爱的孩子，如果你愿意个卷好人事名尽消，那么往往会吃力不讨好。事情是你做细，但功劳代了别人给。这个时候你丝毫不必觉得委屈、郁闷，因为细力气比功劳宝贵得多。细力是树，功劳只是树上长出的果子。果子吃掉就没了，但树却不断长出新的果子。你尽管没得到功劳的果子，别别人摘去吃了，但你在做事过程中增长了细力，这才是大赚，注意比那摘桃果子显贵无比多！所以说吃亏有功劳，都是为自己细力事提升所高兴才对赚！爸爸主内

60

对别人好

　　亲爱的孩子，当别人对你好时，你一定也要对别人好。如果别人对你好，但你在涉及别人时回避或参与但不帮忙，那别人虽然嘴里不说，涉及别人利益的事情，别人都是心知肚明的，那么别人在将来也就不会再继续对你好，因为别人觉得你不够朋友，不值得对你好。反之，如果别人投你以桃，你报之以李，久而久之，你们友谊就会日久弥坚，就会一直互利共赢，形成良性循环。

爸朱定局

亲爱的孩子/当别人对你好时，
你一定也要对别人好。如果别人
对你的，但你在对待别人时
也斤斤计较，我参与但不理性，
那别人虽然常里不说，涉及了
别人利益的事情，别人都
必也彼此明白，那么别人在将
来也都不会再继续对你好
因为别人觉得你不够朋友，不
值得对你好。反之，如果别人
帮你忙，你搭上点小事/在
那么忙，你的友谊就会日久弥
坚，就会一直互利共赢，所以
良性循环，越来越好。

61

滴水穿石

　　亲爱的孩子，滴水穿石，铁杵磨成针。极重要的事情一定要做好，而做好一件事的捷径就是在上面花大量时间，通过时间的积累来压倒性攻克事情中的难点，正所谓"书读百遍，其意自现"。只要肯花时间，就没有做不好、做不成的事情。如果花了时间还没做好，那就花更多的时间，一定会成功的。

爸朱定局

亲爱的陈老师：谕水寄到，钱挣挺感动
的。我觉得任何事情一定要做好，
不做好一样，重要的途径就是去
再花大量时间，通过时间来积
累来记性攻克事情中的难
点，也所谓"书读百遍，其义自
现"。只要舍得时间，没有
做不好、做不成的事情。如果
花了时间还没做好，那就花
更多的时间，一定会成功的。老
来的局

62

抓住全局

　　亲爱的孩子，做任何事情都要抓住主要方面，抓住全局，不要陷入局部的完美或细节的完美而付出全局和整体的代价，因为如果整体不好，即使某几个局部或细节完美至极也无补于全局和整体，必以失败告终。反之，即使某几个局部或细节不够完善，甚至有缺陷，但整体是好的，那么结果必然是成功的。可见，在同样付出的情况下，要优先将力气花在全局和整体上，而不是局部和细节的完美上，只有这样才能成功。

　　　　　　　　　　　　　　　　爸朱定局

亲爱的朋友，处理任何事情都
抓住主要方面，抓住全局，不
要陷入局部细节。只要我们能够
美而出此全局不管某代价，因
为也算整体不好，即使某几个
局部或细节完美无暇也无补于
全局和整体，反而得不偿失。
反之，即使某几个局部或细节
不够完美，甚至有缺陷，但整
体是好的，那么结果也是成
功的。可见，在同样的此种情
况下，需把精神力量花在全
局和整体上，而不是局部和细
节完美上，只有这样才能成功
。卷末变局

63

看路

　　亲爱的孩子，做事做人一定要看路，否则即使有明确的目的地、充足的马力，也可能无法到达甚至无法接近目标，或需要走很多弯路才能接近目标。在定目标之后，一定要马上搞清路线，如果不搞清路线而盲目地走，则往往徒劳无功，甚至南辕北辙，离目标越来越远。有目标，则不会无的放箭；有路线，则不会迷路、弯路、错路。有了目标，知了路线，再加上马不停蹄，则达到目标就成了指日可待的事了。怎么才能知道路线？不能完全靠自己经验，因为你个人的经验是有限的。多调查、多问人才能眼清目明，才能把路线搞得一清二楚。

爸朱定局

亲密的朋友!做事的人一定要有
目标!否则即使有明确的目的
地,花很多努力,也可能没有
法到达甚至无法接近目标,我
们要走很多弯路才能接近目
标。这是目标之一,一定要马上
搞清路线,如果不搞清路线而
盲目地走,则往往徒劳无功
,甚至南辕北辙,离目标越来
越远。有目标,则不会无所
适从;有路线,则不会迷路、走错
错路。有目标,知了路线,再加
上马不停蹄,则达到目标的时
候指日可待的事了。怎么才能走
上路线?不见得会熟记心里,
因为你本人的记忆是有限的。多
调查、多问人才能眼清耳明,才
能把路线弄得一清二楚。老
朱之后

64

抓住关键

亲爱的孩子，人生中有可能在同一个时间会遇到很多困难，这个时候一定要抓住主要困难、核心困难、关键困难，只有这样才能把损失降到最低。不同的困难会给人生的水桶造成不同的漏洞，有的漏洞大，有的漏洞小，大漏洞漏水快，小漏洞漏水慢，所以应先将大漏洞堵住，才能减少水的流失。同样，人生在同一时间可能有很多目标和任务，这个时候一定要抓住主要目标、核心目标、关键目标，只有这样才能把收益提到最大，因为不同大小的进水口会给人生的水桶增加不同的进水量。

爸朱定局

亲爱的朋友，人生中有可能在同一个时间会遇到很多困难，这个时候一定要抓住主要困难、核心困难、关键困难，只有这样才能把损失降到最低。不同的困难会给人生的水桶造成不同的漏洞，有的漏洞大，有的漏洞小。大漏洞漏水快，小漏洞漏水慢，所以先堵住大漏洞再堵住小漏洞，才能减少水的流失。同样，人生在同一时间可能有很多目标要完成，这个时候一定要抓住主要目标、核心目标、关键目标，只有这样才能把收益提到最大，因为不同目标的实现会给人生的水桶增加不同的进水量。老朋友。

65

树立大目标

　　亲爱的孩子，一定要树立远大的目标。决定你能取得多大成就的第一要素不是你的能力，而是你的目标。只有小目标，则不可能取得大成就。树上有一个大苹果、一个小苹果，如果你的目标是小苹果，则不论你摘苹果的能力有多强都永远不可能摘到大苹果，因为你没有摘大苹果的目标。有了大目标，即使你的能力暂时达不到大目标的要求，你也会根据大目标努力改进自己的能力。长颈鹿就是为了吃很高树上的叶子而脖子越来越长。可见，只要有了大目标，即使暂无大能力，也是能在大目标的牵引下成长出大能力、实现大目标的。

爸朱定局

亲爱的孩子，一定要树立远大的目标。决定你能承担多大成功的命运一定是不是你能做出，不是你！的目标。只有小目标，则不可能而得大成功。树上有一个大苹果，一个小苹果，如果你的目标是小苹果，则不论你摘苹果的努力有多强烈，你也不可能摘到大苹果，因为你没有摘大苹果的目标。有了大目标，即使你的努力暂时达不到大目标的要求，你也会根据大目标努力为此你的努力。就好像种苗在长高树上的叶子，它会越长越长。同理，只要有了大目标，那每一次都充满了大努力，因为你做在大目标的牵引下成长出大的努力，实现大目标的。老爸之窗

66

克服困难

　　亲爱的孩子，当你做一件事时，不要怕困难，如果被困难吓倒，停步不前，那么这事就做不成；反之，如果迎难而上，克服困难，这事就有希望。在刚遇到困难时迎难而上容易，在克服困难的过程中，困难有可能变得更多、更复杂、更难，这时候很多人就会打退堂鼓、半途而废，所以成功者总是少数。不论在克服困难的过程中又出现多少新困难都不放弃、一直克服下去，这事就一定能办成。克服困难的过程中出现新的困难不是命运对你的戏弄，而是本来就存在的困难随着你的克服逐步暴露，其出现预示着你离成功又接近了一步。

爸朱定局

亲爱的孩子，我告诉你做一件事时，不要怕困难，如果遇困难可倒，停留不前，那么之事就做不成，反之，如果困难迎上，克服困难，这事就有希望。在遇到困难时迎难而上，定会，在克服困难过程中，困难有可能变得更多更复杂更难，这时候很多人就会打退堂鼓，半途而废，所以成功者总是少的。不论在克服困难中又出现多少新困难，都不放弃，一直克服下去，这事就一定能成功。克服困难的过程中出现的各困难了，不命这对你，毫无是异，而且未来你所有各困难随着你克服这多磨练，其出现难不着你，离些功又接近了一步。爸爸某日

67

磨刀石

亲爱的孩子，有的人遇到的困难少，有的人遇到的困难多。谁会更成功？如果遇到更多困难的人不知道克服困难，被困难打倒，则会更快地失败。反之，如果能克服困难，那么遇到的困难越多越大，就能增长更多更大的能力，有了更多更大的能力，必然就能更快地取得更多更大的成功。不要埋怨困难，困难是获得更强能力的磨刀石。有了更强的能力，就能做很多别人没有能力做的事，就会有很多人求你帮助，你就能在服务人民的过程中获得成功。

爸朱定局

年会风险也，有些人遇到也困难少，有些人遇到也困难多。怎样查更成功？如果遇到更多困难的人不。知道克服困难，被困难打到，则会更惨地失败。反之，如果能克服困难，那么遇到也困难越多。越大，锻炼增长更多更大也能力，有了更多更大也能力，也能为锻炼更快地取得更多更大也成功。不要埋怨困难，困难足获得更强能力也机会。为了更强也能力，训练也很多。人没有能力做也事，就会有很多人不愿帮助，给别人在服务人民也过程中获得成功。答案是否

68

不懊悔

　　亲爱的孩子，也许你因为错失了机会而懊悔甚至自暴自弃，其实这根本没必要，因为这世界无独有偶，在你漫长的一生中不可能全是一去不复返的机会，将来总会有类似的机会出现。如其痛心和懊悔，不如为将来类似的机会提前准备，那么将来类似的机会一旦出现就能靠已准备好的基础抓住，而不会再错失。如果现在只为错失的机会痛哭而不做任何努力，将来当类似机会再次来临时，结果可能还是一样，还是会错失机会。在下一个春天再来之前准备好种子才是当务之急和明智之举，否则等下一次再错失机会时会更懊悔。放下过去拿起未来，才能赢在未来。

爸朱定局

亲爱的张子，也许邻居为结
束了机会而懊悔甚至可悲，因
亲，事实根本没必要。因为母
巴经不必独有偶，在你漫长的
一生中不可能全是一去不复返
的机会，母来还会有其他的
机会出现。如果前心不懊悔，
不如为将来其他的机会作
好准备，那么将来其他的机会如
果真的来临，而不会再错失
。如果现在只为错失的机会
懊恼而不做任何努力，当未来
的机会再次来临时，结果
仍然还是一样，还是会错失
机会。在下一个春天来之到
准备好种子才是当务之急，那样
之事，不以等下一次再错失机
会时会更懊悔。放下昔日之事
追求未来，求赢在未来。老
莫文局

69

马上做

　　亲爱的孩子，现在能做的事情要马上做，这样才不会将机会错失，否则过了这个村往往就没了这个店。不要老是想着和懊悔过去能做但现在做不了的事情，也不要老想着和等着将来能做但现在做不了的事情，否则只是自寻烦恼，而在懊悔和等待中荒废光阴，难有所成。时时等将来，时时叹过去，何不珍惜现在？从现在做起，做现在能做之事，则过去的不足能够弥补，将来的梦想已经起步。

爸朱定局

亲爱的临上，现在就做些事情要马上做，这样才不会再出差错，否则过了这个村往往就没了这个店，也不要老是想着和懒惰着走过了的，但现在做不了些事情，它不要老想着和等着将来做。做些现在做了些事情，否则只是自寻烦恼，而在懊悔等等中荒废为闷，难有所成。时时等等果来，时时收进去，简不珍惜现在了，以现在做起，但现在他做小事，则过去做了还他的价值，将来他考虑已经走当。老实专卖

70

围绕目标

亲爱的孩子，做事情一定要紧紧围绕目标，如果偏离目标，就会吃力不讨好。别人要铁就给铁，而不要给金子。反之，别人要铁，你给更贵重的金子，虽然付出了更多，但偏离了目标，别人不一定满意，因为别人要铁可能用来炼钢，你给他金子是炼不了钢的。围绕目标才能一分耕耘一分收获，偏离目标则做得再多也不一定有收获，如同一个人蒙着眼睛乱走，能走到目的地吗？可见，认清并绕着目标转是首要的。

爸朱定局

亲爱的……路上，你事情一定要争取，写回信同样。如果偏离日程，也会努力不过，别人要铁就给铁，而不要给更贵重的金子罢了。别人要铁，你给更贵重的金子，当然什么了。……但偏离日程，别人不一定满意，因为别人要铁可以用来……纳，你给的金子只……不了钢。所以按照日程才能……一份……同样一份为……偏离日程，别……就算再多也不一定有……，也同一个人掌着眼……走，……到别的地方……可以……继续按日程……更有……卷末定局

71

遇事莫慌

亲爱的孩子，不论遇到什么困难，不要着急，不要生气，不要焦虑，要想办法解决。世上无难事，只怕有心人。只要你有心，就一定能解决困难，就一定能到达目标。反之，如果你遇到困难就陷入苦恼之中而无法自拔，就会被困难打倒，更谈不上克服困难了。只要你泰然有心处之，不但能克服困难，还能在克服困难的过程中增长能力与经验，当下次你再遇到同类问题时，其对你来说已经不是困难了。

爸朱定局

亲爱的孩子，不论遇到什么困难，不要害怕，不要退缩，不要逃避，要勇于战胜它。世上无难事，只怕有心人。只要你有心，就一定能战胜困难，就一定能到达目标。反之，如果你遇到困难就陷入苦恼之中而不能自拔，就会被困难打倒，再也不能克服困难了。只要你泰然有心处之，不但能克服困难，还能在克服困难的过程中增长能力与经验，为下次你再遇到同类问题时，对你来说已经不是困难了。

爸 朱玉石

72

算大账

　　亲爱的孩子，做任何事都要算大账，而不要算小账。在去金山的途中有很多的银，如果只顾占白银的小便宜而把时间花掉了，就没有时间去采金矿，可见占小便宜会失去了占大便宜的机会。一个小玩具坏了让一个科学家去修，即使修好了，修玩具损失的时间也足够这个科学家去造一台机器了，因为怕吃小亏反而吃大亏。会算大账的人，不怕吃小亏，不占小便宜，貌似是傻，其实是大赢家。只算小账的人，貌似精明，其实愚蠢。可见，算大账才是大赢家。

爸朱定局

要算大账，而不要算小账。在金山里的金中有很多的银，如果只顾白银，因为它便宜而把时间花掉了，却没有时间去采金矿，可能占了小便宜会失去了大便宜，也就会。如果一个小物换了一个科学家去做，即使赚好了，得到的只是个小钱，时间也是的。这个钟表它这一台……因为假如小……含金大账。如果不……小……只……便宜，……其实是大……

小农名人，……其实……昂贵。可见，算大账才是大赢家。老朱

73

大局优势

　　亲爱的孩子，无论是做事、做人或作战，都千万不要追求局部的完美，因为即使局部完美，全部也不一定会胜利。过于在乎局部完美，一定会被局部的失败所打击得失去自信和斗志，而一跌不起。过于追求局部的完美，会导致在局部耗费过多时间与精力，从而失去大局的优势，进而大局落败。一旦大局落败，则所有的局部也必败无疑，又有什么完美可言？完美的局部又有何用？

　　　　　　　　　　　　　　爸朱定局

74

选对路

　　亲爱的孩子，选择非常重要。如果选错了路，你会越走离目标越远；如果选弯了路，虽然你跑得比别人快，却比别人后到目的地；如果选错了朋友，即使你对他真心实意，他也会对你虚情假意甚至背后捅刀子；如果选错了爱人，即使你对她掏心掏肺，她对你也是无心无肺。可见，选错了，不论你有多努力，不论你有多聪明，不论你在错误道路上的走法有多对，也只能是无济于事、瞎忙一场，也往往以失败收场。选择是拉弓之前的瞄准，是指挥千军万马的将军，是能力之巅、智慧之首，决定了历史的去向、命运的未来。

爸朱定局

亲爱的孩子，要懂得尊重宽容。
如果走错了路，你会越走越远且
很难回；如果走错了路，告诉
你跑得比别人快，却比别
人先到目的地；如果走错，
朋友，即使你对他真心真意
，他也会对你虚情假意甚至背
后捅刀子；如果选错了爱人，即
使你对她掏心掏肺，她对
你也是无心无肺。可见，选
错了不论你多努力，不论你
有多聪明，不论你走多远，沿途
路上的走法有多对，也只能
劳无功于事，悲惨一场，也往
往以失败告终。选择是括了
之前！如赌信，是拼搏千年
智慧之前，来赢了历史的春白
，命运的未来。爸妈至今

75

价值大的事

　　亲爱的孩子，下同样的功夫、花同样的时间，你去挖金子，他去挖石头，哪样能更快成功？当然是挖金子。很多人都同样地努力，为什么有的人成功、有的人不成功？不成功的人不一定能力差，也不一定方法差，原因在于所做的事情不同。要尽量做价值大的事情，不要只顾埋头做事，不要以为你耕耘得多收获得就多，还要看你耕耘的是什么。找到价值大的地方去耕耘，才能事半功倍。

爸朱定局

亲爱的孩子，不同样的功夫，花同样的时间，你去掘金子，他去掘金子求，哪样能更快成功？当然是掘金子。很多人都同样地努力，为什么有的人成功、有的人不成功？不成功的人不一定能力弱，也不一定不努力，原因在于所做的事情不同。要尽量地作伟大的事情，不要只盼望着做事，不要忙为你挣钱得多你就得到多，已要看你帮助了些什么。找到伟大的也去耕耘，才能事半功倍。爸爸妈妈

76

利用已有成果

　　亲爱的孩子，如果你不充分利用别人的已有成果，那么你将重复别人的劳动，花费时间和精力做出来的成果是已有的，毫无意义。有意义的工作是站在别人已有成果的基础上做出别人没有做出的成果，这样才能为人类文明的发展做出贡献，否则，花了大气力，却难以有大收获，甚至毫无收获。所以在做事之前一定要搞清楚别人已有的成果，以免做重复性的、没有意义的工作，以免浪费时间。

爸朱定局

亲爱的孩子，如果你不善于利用别人的已有成果，那么你得重复别人的劳动，花费时间和精力搞出来的成果早已有的，无复习意义。有意义的工作只该在别人已有成果的基础上搞出别人没有做出的成果，这样才能为人类作出新的贡献做出贡献。否则，花了大量功，却难以有大发展，甚至毫无收获。所以去做每一件事要搞清楚别人已有的成果，以免做重复性的，没有意义的工作，以免浪费时间。

爸爸王启

77

先试一下

　　亲爱的孩子，做任何事都要先试一下，走任何路都要先探一下，吃任何东西都要先尝一下，否则一旦全部放到某一处，如果在执行过程中发现不合适就骑虎难下了。例如，你把一堆任务交给一个你未事先了解的人，那么一旦这个人无法处理或处理结果达不到要求，则很难办：如果不换人，则任务无法按质按量完成；即使换人，伤人自尊不说，还会浪费大量前期的时间。所以，理智的做法是不要一开始就把大量任务交给这个人，而是只交一个任务试试这个人。如果这个人称职，则把所有任务都交给这个人；而若不称职，一个任务搞得不好损失也不大，浪费的时间也不多。

爸朱定局

来者记录点上好后记事情都要先决一下，走过的路都要先探一下，吃过的东西都要先尝一下，否则一旦全部记到某一处，如果在执行过程中发现其含适的路走不下了，倒了，你把一堆任务交给一个你未事先了解的人，那么一旦这个人有些处理就得重做，果然不到要求，则很难办，如果不换人，则任务和进度很是难全，即使换人，你人自身不说，还会浪费大量前期的时间。所以，理给他的活时不要一开始就抱大量任务交给这个人，而是只交一个任务，考核这个人。如果这个人很强，则把所有任务都交给这个人；若不怎么样，一个任务搞得不好，损失也不大，浪费的时间也不多。爸爸主启

78

讲究时效

　　亲爱的孩子，做事情一定要讲究时效性，因为"过了这个村就没有了那个店"。同样一件事情，在不同时间做的效果是不一样的。例如，同一个东西，在不同时间的价格是不一样的，你去买、去卖，所花的成本、所得的收益自然也不同。任何事情都要在有价值的时候、紧要的时候做，而不能在该做的时候不做、在不该做的事会做，后者只会只有苦劳没有功劳。春天该播种不去播种，冬天不该播种去播种，得到的将只有失败。

爸朱定局

亲爱的朋友，做事情一定要
讲方法和效率，但是"过了这个
村就没有那个店"。同样一
件事情，在不同时间做的效
果是不一样的。比如，同一个
东西，在不同时间做出来效果
不一样的。你去做一件事情
做成本、所得、收益的几率
也不同。任何事情都要去在
恰当的时候做，要在对的
地方，不要放在错的时候了
做，在不对的时候做错的
后果也会只有劳苦没有功劳
。春天你该播种不去播种，或者
不在播种去播种，得到的结果
可想而知。在未来的

79

核心与非核心

亲爱的孩子，做任何事情都要抓住核心，直接切入核心，力量花在刀刃上。力量花在外围犹如隔靴抓痒，费了力气，却难以看出效果和成绩。首先要通过观察来找准核心，然后直接对其进行攻克，则能立竿见影。对于非核心又不得不做的事情，可以跟别人合作共赢，因为你的非核心对别人而言可能就是核心。另外，一定要善于利用已有的技术和成果来完成非核心任务，因为大部分非核心任务其实早就被别人做过了，这时如果你再做一遍将会劳碌无功，白费时间，从而无法更好地完成核心任务。

爸朱定局

亲爱的孩子，如果把精力
放在枝节上，直接切入核心
，力量花在刀刃上。力量花在
外围就如隔靴搔痒，为了能
一切皆以结果和成绩。
首先要通过现象来找核
心，抓住核心对其也行进起，
则迎刃而解也。对于非核心、
又不得不做的事情，可以
跟别人合作共赢，因为你
的非核心对别人可能是
起关键核心。另外，一定要善
于利用已有的技术和成果来
完成非核心任务，因为大
部分非核心任务被别人早期
解决了，这样如果
你再做一遍得花原来功
倍的时间，人人都无法束缚
也完成核心任务。希望亲爱
君

80

善于学习

亲爱的孩子，"磨刀不误砍柴工"，一定要善于学习。一个人学习就是磨"人"这把刀。一个人如果不学习，那么这把刀就会钝，难以砍到好柴，做起事来就难以出成果。有的人担心学习会耽误做事，整天耗在做事中却做不出成果，就是因为缺乏学习的原因。学习之后能事半功倍，而不学习只苦干则事倍功半。可见，磨刀不但不会耽误砍柴工，反而会加快砍柴工。

爸朱定局

来磨砺随着''磨刀不误砍
柴工'',一定要善于学习。一
个人学习如磨''刀''。一把
刀，一个人如果不学习，那么
这把刀就会钝，难以砍到
好柴，做起事来都难以出
成果。有的人把做事学习会
耽误做事，甚至在做事中
耽误了，也做不出成果，的主因的缺
乏学习的原因。学习与做事
事来为营，而不学习只是干别
事无功半。所以，磨刀不误了
会耽误砍柴工，反而会为
快砍柴工。卷来卷白

81

顺而行之

　　亲爱的孩子，做事待人都要顺而行之，而不要逆而行之。顺而行之，则能顺畅完成任务、达到目标；逆而行之，则会阻力倍增而加大完成任务、达到目标的难度。即使人事与你的任务目标相矛盾，也要避免直接冲突，哪怕兜个大圈子也比直接冲突的胜算大，也比直接冲突更快达到目标。万一绕不过，那就借天时、地利、人和间接地面对，而不要直接冲突。不直接冲突不等于投降，而是留得青山在、不怕没柴烧。

　　　　　　　　　　　　　爸朱定局

亲爱的孩子，做事的人都要
顺而行之，而不要逆而行之
，顺而行之，财能顺利完成
社会、达到目标；逆而行
之，则会阻力增增而加大了
完成社会、达到目标的难
度。即使人事与你的设身自
相相顶，也要避免直接
冲突，哪怕绕个大圈子也
比直接冲突的胜算大，
也比直接冲突能更快达
到目标。万一路不通，那就
暂不对，也要以人和问题
地面对，而不要直接冲突。
不直接冲突了，善于摆脱，而是
留得青山在，不怕没柴烧。愿
挫之后

82

米的积累

　　亲爱的孩子，"巧妇难为无米之炊"，要想做饭成功就必须有米的积累。乱世出英雄不假，可如果不具备英雄的素质，即使遇到乱世也不会成为英雄。考试考得好，关键不在于考场发挥有多好，而是在于平时学得有多好。平时学得非常好，随便怎么发挥也不会考不及格；反之，平时学得非常差，无论怎么发挥也不可能考高分。可见，积累的实力是决定成败的关键，"台上一分钟，台下十年功"，台上的成功不是取决于台上，而是取决于台下。只有平时努力，多耕耘，到了收割的季节才会有成果。

　　　　　　　　　　　　　　　爸朱定局

83

学会开车

　　亲爱的孩子，如果你和别人比赛看谁先到远方某地，若开始你骑的是自行车，当有汽车出现时，你一定要停下来学会开车，然后开车继续上路，否则你将落后。虽然去学新出现的汽车会花你一些时间，但磨刀不误砍柴工，而刀不磨砍柴会更慢。因此，要紧跟、充分利用、及时利用当前最新最先进的工具、平台、知识、技术，你做事才能事半功倍；否则别人开汽车，你骑自行车，即使花十倍于别人的力气也难以赶上。

爸朱定局

84

功夫深

　　亲爱的孩子，不论何时何地都不要因为结果不理想而放弃，因为没有改变不了的事物，也没有改变不了的人，"只要功夫深，铁杵磨成针"。不要以为朽木不可雕，朽木也可以做成艺术品。只要肯改，用心改，一步一步改，差的就能变好，贫的就能变富，小的就能变大，弱的就能变强，敌人就能变成朋友，动乱就能变成稳定，下降就能变成上升，一切不可能均能变为可能。

爸朱定局

种更多树

　　亲爱的孩子，这世界上最不值钱的就是钱，有了钱最不值钱的做法就是放着不用。有了钱就赶紧买种子种树，只有这样才能为世界做出更大贡献，同时树结果子又能卖更多钱，从而又买更多种子种更多树，如此往复，为世界做更大贡献。对世界的贡献就是对世界的爱。对个人而言，这世界上除了智慧是永恒的、爱是可传承的，其他的一切都是过眼云烟，生不带来、死不带去。你对世界的贡献越大，世界对你的爱也就越深，命运对你也就越钟情。

爸朱定局

物极必反

　　亲爱的孩子，低处的树枝向上长，顶处的树枝向下垂；河里的水蒸发向上到天空，天空中的水汽凝结为雨降落。物极必反，在成功的时候要把自己当失败者，你才能永葆成功，否则成功将极易骄傲松弛转为失败；在富贵的时候要把自己当作贫穷者，你才能永葆富贵，否则富贵极易放纵懒惰转为贫穷。做老师的时候，要把自己当作学生，你才能永葆才智，否则老师极易不思进取而不如学生。

爸朱定局

87 开门造车

　　亲爱的孩子，在专注赶路的同时，也要四周看看环境，多听听会议，多看看新闻，跟上时代进步的步子，而不能闭门造车，否则你闭门造成的车极可能还不如同时代已经发展成的车，因为同时代发展成的车是集大家智慧而成的车，而你闭门造的车只是你一人的智慧。"三个臭皮匠，胜过一个诸葛亮"，一人难敌万人智，所以你在造车的时候，要不断观察、获取同时代最先进的造车技术，这样你造的车才可能比同时代最先进的车更先进。时代的山在不断增高，你只有与时俱进，不断观察时代的最高峰，并不断爬到时代新的最高峰上种树，才能使你的树总是同时代最高的，你才会有所建树。你在山谷或山腰种树，即使树长得再高，也比不上山顶的矮树。

爸朱定局

88

全局最优

亲爱的孩子，局部最优不一定能实现全局最优，爬到小坡的顶峰不等于达到大山的顶峰。追求完美本是好事，但时间有限如流水，如果追求每一步细节的完美，必然占用光大量时间，从而难以实现全局的完美。一份试卷，即使你把某一道题做成满分，也无法保证能及格，反之，如果合理安排各题解答时间，大部分题目能拿到一定的分数，则很可能得到较高的总分。

爸朱定局

关发，哪怕你，自己能做
不一定能完成会局限
性，处理不，坡，哪怕强
调不等于达到大也，何
压呼，这就意味着本身好
事，但时间有限如流水
，如果，要做至一些（个事的
完美，必然在用尽大多
时间，从而难以实现
全局的完美，一这就是这道
者，即使你起某一道题做得
好，做意分，也却没后
没能及格，你自己，如果
分建安排与题有答时间
大，邓等延月份拿到一
的分数，则很可能得
较高，也分，老来道
局

89

尽早做

亲爱的孩子，能做的事情一定要尽早做，不要等到时间紧迫时再做，因为等到时间紧迫时再做，万一不顺利，就没有回旋纠正的时间了，失败的风险将会大大增加。早做一日则能增加一分胜算，早做两日则能增加两分胜算，所以万事宜早不宜迟。迟做早做所花的工夫是一样的，但成败却截然不同，那为何不早做？

爸朱定局

亲爱的孩子，很多的事
情一定要尽早做了。
需等到时间早了时再
做，因为等到时间早了
时再做，不一定顺利，
却没有因为现在正的时
间了。生活的风险并不会
太大，加早一日则
风险加一份胜算，早做
二日则风险加二份胜
算，所以凡事宜早不宜
迟，但早做的风险
的功劳是一样的，但
成功的收获却不同，那为
何不早做？怎样说得

90

时时总结

亲爱的孩子，一定要时时总结，即使很忙，也要忙中抽空进行总结，否则光忙不总结，如同只播种不收成，是白忙活。善于总结才能把散在一地的雪花滚成雪球，才能不断积累，把雪球越滚越大。善于总结才能建立基础，从而站在过去的基础上更上一层楼，否则只能在同一层楼上原地转圈。

爸朱定局

无论何临出一定要时时
总结，即使很忙，也需
总结抽空进行总结，否
则完全不总结，如同只
播种不收成，是自必话
。善于总结才能把教
在一起，用花变成曾
就，才能不断书写，把
蛋糕越做越大。善于
总结才能建立起基础，
从而站得过去，从基础
上更上一层楼，不同
以便在同一层楼上原地
转圈。危害至局。

91

马上做

　　亲爱的孩子，现在能做的事要马上做，不要等到明天，因为明天也许你就没有条件或机会做这件事了。现在能摘取的成果要马上摘取，不要等到明天，因为明天这果子也许就落掉或烂掉或被别人摘走了。兵贵神速，抓住机会，立即行动，方能获胜。

爸朱定局

今会/如能/把现在所能做
的事/应马上做,不
要等到明天,因为明天
也许你就没有办件我
机会做这件事了。现在
能摘下的果实应马上
摘取,不要等到明天,因
为明天这果子也许就会
掉或被或被别人摘
走了。其实神连,根本
机会,说明行动,它做起
来,爸来了局

92

始于足下

亲爱的孩子，有不懂的作业题目要及时学会攻克，千万不要想着等过些日子一起搞会。千里之堤毁于蚁穴，千里之行始于足下。大失败、大错都是由小失败、小错积成的，大成功、大成果都是由小成功、小成果积成的，都不可能是一下子搞定的。一鸣惊人之前一定已在无人问津之时自己练过无数次。

爸朱定局

千里之行始于足下。大事都是由小事做成，大成功都是由小成功积累而成。

93

集中到一点

亲爱的孩子，无论是做人还是做事，都一定要把力量集中到一点，而不能是多点。力量集中能战无不胜、攻无不克，力量分散则举步维艰。摊开手掌打人无力，握起拳头无坚不摧，手未变，不同的是分散与集中产生的力量有天壤之别。集中集中再集中，弱能变强；分散分散再分散，强能变弱。弱能胜强，关键看谁集中的智慧和能力更强。

爸朱定局

94

找到榜样

亲爱的孩子，不论做人、造物、做事都要找到最好的榜样。站在巨人的肩膀上出发，你便成了巨人，甚至超过巨人。如果从平地出发，你努力一辈子也不一定能达到巨人的高度，更谈不上超过巨人了。以一个巨人为榜样，不是以其所获名利为榜样，因为名利是末不是本，而应以其所造之物、所做之事、所言所行为榜样。

爸朱定局

亲爱的孩子，不必像
人一样的做事都要找
到每样的榜样。站在
巨人的肩膀上出发，你
便成了巨人，甚至超过
巨人。如果从中也也
样，你努力一辈子也
不一定能达到巨人
的高度，更赶不上超
过巨人了。以一个名人
为榜样，不是以其所
获名利为榜样，而是以
其是非不是本师在
以其所造之物，所怕之
事，所言所行为榜样。

为朱生豪

95

不要空等

　　亲爱的孩子，要等但不要空等。不论是等一个人，还是等一个物或一件事，都要边做边等，可以做跟在等的这个人、物、事有关或无关的事。反之，如果空等，耗费的是生命和时间，收获的是空虚和焦急。在等的过程中，说不定有心栽花花不发，无心插柳柳成荫，甚至有可能花也等到了，荫也成了。

　　　　　　　　　　　　　　　爸朱定局

亲爱的，如临上，要等待，
不要着急等。不论是等一
个人，还是等一个，如我
一件事，都要边做边，边
一等，可以让我在等，如
之一个人，好事有关，结果
无所，把，而是生命和时
间，好好，而是虚中，道
，在等，走着中，既
不是有心栽花花不
，无心插柳柳成荫，
甚至有可能等着也等到了君
荫也成了。也朱

96

不断深入

亲爱的孩子，挖井的时候如果不选好一个圈一直挖下去，而是东挖一下西挖一下，那就挖不深，出不了水，徒劳无功，直到老得挖不动了也没挖出水，甚为可惜。可见，做事不要求多，而要求专求深，不断深入而挖出成果，造福自己与社会。做学术研究或社会研究都要不断缩小自己的研究范围，这样才能早出成果，切不可贪大、贪广，否则便是处处留痕却一事无成。做事业也是如此，业务范围太广，将一无所精、一无所长，无人用而被社会遗弃。

爸朱定局

某管领孩子，挖井的时候
如果不选好一个圈一直挖
下去，而只是东挖一下西挖一下
，那就挖不深，出不了水，徒
劳而功，直到老累挖不动了
也没挖出水，甚为可惜。可
见，做事不要求多，而要求专
求深，不断深入而挖出成果
适合自己方能会。做学术
研究我也会研究得究不好
缩小自己的研究范围，这样
才能早出成果，切不可贪大
贪了，否则便是处处易
痕，一事无成。做事业
也是如此，也若范围太广，
将一无所精，一无所长，无
少用而诸社会遂却老来空
句

97

不抱成见

　　亲爱的孩子，不要以为已有的就是真的，没有的就是假的；不要以为看得见的就是真的，看不见的就是假的；不要以为自己看见的就是真的，别人看见的就是假的。古人以为打雷是神仙在敲鼓，今人认为打雷是空气在对流。古人以为太阳绕着地球转，今人认为地球绕着太阳转。耶稣认为人是上帝造的，佛祖认为人是天神化生的，老子认为人是无中生有的，达尔文认为人是动物进化来的。男人认为女人更美，女人认为男人更美。对是非对错真假千万不可抱有成见，要保持完全、包容的心态，未被确凿证明的既不要去肯定、更不要去否定，因为一切皆有可能。现在认为是真的，也许实际是假的；现在认为是假的，也许实际是真的；你认为是对的，也许实际是错的，你以为是错的，也许实际是对的。

爸朱定局

98

前后看路

亲爱的孩子，人在年少时总是梦想着明天，年老时总是怀念着昨天，年壮时则总是沉迷于今天。其实，昨天、今天、明天同样重要，毫无区别，哪一天不同时是昨天、今天、明天？我们要回首昨天、脚踏今天、眺望明天。有的人只顾埋头走路，忘了抬头看路，往往走入迷路、断路、险路、无路。有的人只知看路，东看西看、前看后看、左看右看，却始终不敢或懒得迈步，只知做梦。有的人只要现在未来，不要过去，过去的经验不用，过去吃的亏便白吃了，因为将来还要吃；过去的成功也没那么幸运再发生了，因为不知借鉴。可见，既要回头看路，又要低头走路，还要抬头望路，缺一不可，这就是人的头能够前后上下转动的用处。

爸朱定局

亲爱的晓子：人在年少时总是梦想着明天，年老时总是怀念着昨天，年轻时则总是沉迷于今天。既定，昨天、今天、明天同样重要，缺一不可，哪一天不同时包括昨天、今天、明天？我们要回顾昨天、脚踏今天、眺望明天。有的人只顾埋头走路，忘了抬头看路，经经走入歧路、断路、险路、无路。有的人只知看路，东看西看、前看后看、左看右看，却始终不肯或懒得迈步，只知做梦。有的人只要现在未来，不要过去，过去的经验不用，过去吃的亏又白吃了，因为未来还要吃；过去的成功也没那么幸运再发生了，因为不能借鉴。可见，既要回头看路，又要低头走路，还要抬头眺望路，缺一不可，这都是人的头能够前后上下转动的用处。爸爸 这月

99

深入实干

　　亲爱的孩子，不论你以后从事什么专业，无外乎管人、管物、管事。不论管什么，都要深入。如何深入？如果是管人，要深入接触人、了解人、理解人、服务人，不能坐在办公室里想当然；如果是管物，要亲自去摸、去造、去修、去用，不能只用概念忽悠人；如果是管事，要计划、调研、准备、设计、演习、实施、总结、改进。不论管什么都要实干。怎样算实干？唯一的标准看实效：管人看队伍战斗力，管物看物能不能用、有没有用、好不好用，管事看事能不能成功。

爸朱定局

亲爱的孩子，不论你以后从事什么专业，无外乎管人、管物、管事。无论管什么，都要深入。如何深入了呢？如果是管人，要深入接触人、了解人、理解人、服务人，不能坐在办公室里想当然；如果是管物，要亲自去摸、去造、去修、去用，不能只用概念忽悠人；如果是管事，要计划、演习、定流程、总结、改进。无论管什么都要实干。怎样算实干了呢？唯一的标准看实效：管人看物能不能用、有没有用、好不好用；管事看事能不能成了，爸永远为你。

100

不可逞勇

亲爱的孩子，大智大勇对于成功来说非常重要，但过智过勇却又是有害的。历史上很多名将非常勇、过于勇，到最后往往失败，例如关羽大意失荆州，又如以一敌千最终被灭的项羽。若不能胜，勇有何益？勇有何用？两军对战，若不能赢，当退则退，当逃则逃，留得青山在，才会有柴烧。切不可逞一时之勇、出一时之气、图一时之痛快，而置个人安危、军国命运于不顾，否则貌似勇，实如无头之蝇，自取灭亡。

爸朱定局

亲爱的孩子：只知书本对于
成功来说非常重要，但是
知识却又是有限的。历
史上很多很好非常，这
于意，刘备在荆先败，
问如朱明去意出蜀州，
又如以一敌不众，皆败
又何益用。书不能胜，尝
有何益？学有何用？两军
对战，走不能赢，当退则退
，当进则进，留得青山在，才
会有柴烧。且不可逞一时
之勇。则一时之气。因一
时之痛快，而置个人安危、
国命区于不顾，而则愚如
矣，定也要远离之嫌，自取
之。朱老总